essentials

essentials liefern aktuelles Wissen in konzentrierter Form. Die Essenz dessen, worauf es als „State-of-the-Art" in der gegenwärtigen Fachdiskussion oder in der Praxis ankommt. *essentials* informieren schnell, unkompliziert und verständlich

- als Einführung in ein aktuelles Thema aus Ihrem Fachgebiet
- als Einstieg in ein für Sie noch unbekanntes Themenfeld
- als Einblick, um zum Thema mitreden zu können

Die Bücher in elektronischer und gedruckter Form bringen das Expertenwissen von Springer-Fachautoren kompakt zur Darstellung. Sie sind besonders für die Nutzung als eBook auf Tablet-PCs, eBook-Readern und Smartphones geeignet. *essentials:* Wissensbausteine aus den Wirtschafts-, Sozial- und Geisteswissenschaften, aus Technik und Naturwissenschaften sowie aus Medizin, Psychologie und Gesundheitsberufen. Von renommierten Autoren aller Springer-Verlagsmarken.

Weitere Bände in der Reihe http://www.springer.com/series/13088

Patric U. B. Vogel

Validierung bioanalytischer Methoden

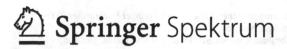
Springer Spektrum

Patric U. B. Vogel
Vogel Pharmopex24
Cuxhaven, Deutschland

ISSN 2197-6708   ISSN 2197-6716   (electronic)
essentials
ISBN 978-3-658-31951-9   ISBN 978-3-658-31952-6   (eBook)
https://doi.org/10.1007/978-3-658-31952-6

Die Deutsche Nationalbibliothek verzeichnet diese Publikation in der Deutschen Nationalbibliografie; detaillierte bibliografische Daten sind im Internet über http://dnb.d-nb.de abrufbar.

Planung/Lektorat: Stefanie Wolf
Springer Spektrum ist ein Imprint der eingetragenen Gesellschaft Springer Fachmedien Wiesbaden GmbH und ist ein Teil von Springer Nature.
Die Anschrift der Gesellschaft ist: Abraham-Lincoln-Str. 46, 65189 Wiesbaden, Germany

Was Sie in diesem *essential* finden können

- Eine Einführung in die Validierung bioanalytischer Methoden
- Die Darstellung der verschiedenen Testkategorien
- Eine Übersicht über Methodeneigenschaften, die bei der Validierung überprüft werden
- Eine Darstellung, welche Voraussetzungen für eine Methodenvalidierung erfüllt sein müssen
- Beispiele, bei denen Unternehmen Ihre Pflicht zur Validierung vernachlässigen und Konsequenzen hieraus

Zusammenfassung

In diesem Buch wird die Validierung bioanalytischer Methoden beschrieben. Dies ist ein wichtiges Element bei der Qualitätskontrolle von Arzneimitteln, vor allem biologischer Arzneimittel. Während der Herstellung von Arzneimittel werden an vielen Stellen des sehr komplexen Fertigungsprozesses Proben auf Einhaltung der Qualitätsanforderungen analysiert. Hierbei kommen je nach Natur des Arzneimittels auch bioanalytische Methoden zum Einsatz. Diese müssen vertrauenswürde Ergebnisse liefern, damit bei der Bewertung der Ergebnisse keine falschen Schlüsse gezogen werden. Die Vertrauenswürdigkeit wird durch eine Validierung überprüft.

Inhaltsverzeichnis

Einleitung

Arzneimittel stellen eine heterogene Gruppe von Produkten dar, die u. a. zur Behandlung oder Verhinderung von Krankheiten eingesetzt werden. Die Herstellung von Arzneimitteln erfolgt in spezialisierten Unternehmen unter Berücksichtigung der **Guten Herstellungspraxis** (GMP). Das wichtigste europäische Regelwerk hierzu, der EU-GMP-Leitfaden, ist ein umfassendes Werk, dass die „Spielregeln" für alle qualitätsrelevanten Abläufe festlegt. Dies betrifft alle Bereiche von den Zulieferern des Arzneimittelherstellers, der Qualität der verwendeten Materialien, die Produktionsabläufe, die **Qualitätskontrolle** sowie weitere wichtige Bereiche, z. B. wie Änderungen durchzuführen und wie die Aktivitäten aufzuzeichnen sind. Ein wesentlicher Aspekt von Arzneimitteln ist, dass sie eine umfangreiche laboranalytische Überprüfung überstehen müssen, bevor sie für die Verwendung freigegeben und ausgeliefert werden. Viele Arzneimittel basieren auf kleinen Wirksubstanzen, die aus einer bestimmten Anzahl von Atomen bestehen, die miteinander verbunden sind und deren Zusammensetzung sich relativ einfach als chemische Strukturformel darstellen lassen. Zu diesen sog. niedermolekularen Wirkstoffen zählen z. B. typische fiebersenkende Mittel wie Paracetamol oder Ibuprofen. Viele dieser Arzneimittel werden vorwiegend mittels chemisch-physikalischer Analysemethoden analysiert. Das kann z. B. die Chromatographie sein, eine Methode zur Trennung und ggfs. zur Mengenbestimmung von Substanzen.

Zu einer umfassenden Darstellung von **bioanalytischen Methoden** bräuchte man über 1000 Seiten, wie z. B. in dem exzellenten Lehrbuch **Bioanalytik** von Lottspeich und Engels, dass im Bereich Methodik quasi als Bibel für Studenten der Biowissenschaften angesehen werden kann (Lottspeich und Engels 2012). Wir wollen trotzdem versuchen, das Wesen der Bioanalytik in diesem Buch verständlich zu machen. Bioanalytische Methoden im engeren Sinne werden eingesetzt, um Biomoleküle zu untersuchen, also Moleküle von lebenden Organismen. Biomoleküle sind z. B. Proteine, DNA, RNA, Kohlenhydrate oder Lipide. Bioanalytisch im weiteren Sinne bedeutet, dass man bestimmte Eigenschaften von biologischem Material, also Biomoleküle, Viren und lebenden Zellen, analysiert (siehe Abb. 1.1). Biologische Arzneimittel umfassen u. a. gentechnisch hergestellte Proteine, DNA-Moleküle, Stammzellen, Antikörper oder Impfstoffe auf Basis von Viren und Bakterien. Zur **Qualitätskontrolle** von biologischen Produkten kommen je nach Natur des Produkts diverse Methoden zum Einsatz, wie z. B. Zellkulturen, **Polymerase-Ketten-Reaktion** (PCR), proteinbiochemische Methoden, mikrobiologische Verfahren wie Nährmedien zum Nachweis von bestimmten Mikroorganismen usw. Es wäre jedoch falsch

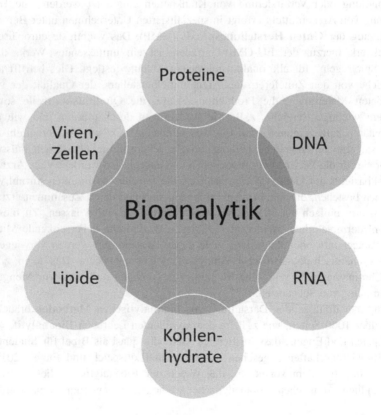

Abb. 1.1 Untersuchungsobjekte der Bioanalytik. (Quelle: Erstellt von Patric Vogel)

in absoluten Kategorien zu denken, wie z. B. biologisches Arzneimittel = bioanalytische Methoden und chemisches Arzneimittel = chemische Analysenmethoden. Bei der Qualitätskontrolle von biologischen Arzneimitteln kommen je nach Produkt auch klassische chemisch-physikalische Methoden zum Einsatz, z. B. pH-Wert-Bestimmungen oder Bestimmungen des Feuchtigkeitsgehalts, meist überwiegen jedoch bei biologischen Arzneimitteln die bioanalytischen Methoden. Die Gesamtheit der Analysemethoden eines Arzneimittels soll den Nachweis erbringen, dass das Produkt alle in der Zulassung festgelegten Qualitätsanforderungen erfüllt und somit wirksam und sicher ist.

Um diese Aussage überhaupt treffen zu können, muss man den Ergebnissen dieser **bioanalytischen Methoden** vertrauen können. Viele vertrauen Ergebnissen oder Anzeigen intuitiv und stellen gar nicht erst infrage, ob das gesehene wirklich der Wahrheit entspricht. Es gibt im Alltag viele Situationen, in denen wir auf Informationen vertrauen. Das mag die Uhrzeit auf dem Leuchtschild einer Apotheke sein, die Tacho-Anzeige unseres Autos beim Fahren, der Erhalt eines Schreibens vom Arzt mit den Ergebnissen von Labortests oder Grafiken zur aktuellen Entwicklung der Arbeitslosenzahlen in den Nachrichten. Wir vertrauen darauf, dass die Angaben richtig sind. Aber woher wissen wir das? Die Antwort ist einfach: Wir wissen es nicht. Einige dieser Angaben kann man durch eigene Recherche oder einen Vergleich mit anderen Messungen bestätigen. Andere Angaben lassen sich nicht so einfach kontrollieren. Fehler können immer auftreten, bei Grafiken aber auch bei elektronischen Anzeigen und müssen nicht immer gravierende Folgen haben. Eine falsche Uhrzeit, z. B. 14.45 anstatt 15.00 auf der Uhr der Apotheke mag keinerlei Auswirkungen haben, wenn wir auf dem Weg zum Strand sind. Der gleiche Fehler kann aber erhebliche Folgen haben, wenn wir z. B. auf dem Weg zu einem Vorstellungsgespräch sind und auf Basis der falschen Uhrzeit entscheiden, in der Bäckerei nebenan noch gemütlich einen Kaffee zu trinken, bevor wir uns bei der Firma melden und so leider zu spät kommen. Im schlimmsten Fall rutscht uns der Job durch die Lappen, da wir als unzuverlässig oder unpünktlich eingestuft werden.

Ein ähnliches Szenario ergibt sich bei **bioanalytischen Methoden,** die im GMP-Bereich eingesetzt werden. Wenn wir auf Basis von Ergebnissen von bioanalytischen Methoden Aussagen treffen wollen, ob ein Arzneimittel den Qualitätsanforderungen entspricht, müssen wir erst den Ergebnissen vertrauen können und dazu brauchen wir eine **Validierung.** Die Validierung ist ein Vorgang, in dem der Nachweis erbracht wird, dass die Methode für ihren vorgesehenen Zweck geeignet ist, also zuverlässige Ergebnisse erbringt. Die Validierung von Analysenmethoden wird im europäischen Raum durch den Leitfaden der **Guten Herstellungspraxis** der europäischen Union (Kap. 6 des EU GMP-Leitfadens) gefordert. Dieses Kapitel beschäftigt sich mit den Aufgaben der **Qualitäts-kontrolle,** die u. a. auch die Durchführung von laboranalytischen Überprüfungen umfasst (EudraLex 2014).

Während der **GMP-Leitfaden** die Validierung nur mit einem Satz fordert, ohne auszuformulieren, wie dies zu erfolgen hat, gibt es andere internationale oder nationale Richtlinien, die beschreiben, wie eine **Methodenvalidierung** aus-zusehen hat, u. a. welche Eigenschaften zu überprüfen sind. Diese allgemeinen Richtlinien sind nicht bis in das letzte Detail ausformuliert und erlauben Spiel-raum für Interpretation bzw. unterschiedliche Ansätze. Für bestimmte, lang bewährte Methoden gibt es sogar **Arzneibuchmonographien,** die im Detail beschreiben, wie die Eignung im eigenen Labor überprüft werden soll. Die Erfüllung der Anforderungen an Validierungen wird, wie jeder andere Bereich der Guten Herstellungspraxis, in regelmäßigen Abständen im Rahmen von GMP-Regelinspektionen durch die zuständigen Behörden überprüft. Nicht selten werden Mängel festgestellt, die sich auf die fehlende oder ungenügende Validierung von analytischen Methoden beziehen (siehe Kap. 6). Hierdurch wird deutlich, wie wichtig die Validierung von Methoden für eine GMP-konforme **Qualitätskontrolle** ist.

In diesem Buch wird die **Validierung bioanalytischer Methoden** beschrieben. Neben allgemeinen (Qualität der Reagenzien, Schulung der Mitarbeiter, Geräte-qualifizierung) und formalen Aspekten (Arbeitsanweisungen, Validierungs-protokolle) wird für jede Testkategorie die Validierung anhand eines Beispiels dargestellt.

Zwei wichtige Begriffe sind die **Methodenkategorie** und sog. **Validierungs-parameter.** Es gibt eine Vielzahl von verschiedenen bioanalytischen Methoden, mit denen Eigenschaften, oder auch **Qualitätsattribute** genannt, bestimmt werden. Meist lassen sich die Methoden einer von wenigen Methodenkate-gorien zuordnen. Wenn die Menge von z. B. Insulin bestimmt wird, fällt diese Methode in die Kategorie Gehalt. Daneben könnte aber auch analysiert werden, ob bestimmte unerwünschte Substanzen in dem Insulin-Präparat enthalten sind. Solche Methoden fallen in die Kategorie Verunreinigung. In Kap. 2 werden die Methodenkategorien mit Beispielen erklärt. Die Methodenkategorien richten sich nach den Eigenschaften der analysierten Probe. Daneben sind Validierungspara-meter Eigenschaften der Methode, also z. B. wie genau sie messen kann, wie stark Einzelmessungen schwanken, welche Mindestmenge des analysierten Bio-moleküls noch gemessen werden kann etc. In Kap. 3 werden wir alle relevanten Methodeneigenschaften kennenlernen.

Die in diesem Buch gewählten Beispiele umfassen:

- Gehalt: Validierung einer Virustitration eines Lebendimpfstoffs
- Identität: Validierung einer Polymerase-Kettenreaktion
- Verunreinigung: Validierung eines Tests auf Abwesenheit von Mikroorganismen (Sterilität)
- Verunreinigung: Validierung eines Endotoxin-Tests

Methodenkategorien

2

Eine **Validierung** bedeutet, dass man durch eine bestimmte Abfolge von Experimenten oder Labortests prüft, ob die Ergebnisse der angewendeten Methode vertrauenswürdig sind. Diese Tests sind jeweils unterschiedlich und dienen dazu bestimmte Teilaspekte zu untersuchen. Dabei hängt es auch von dem Zweck einer Methode ab, welche Eigenschaften, sog. **Validierungsparameter,** zu überprüfen sind. Das wichtige ist, dass es jeweils nur eine Handvoll Methodenkategorien und Validierungsparameter gibt. Diese sind in der Richtlinie ICH Q2 (R1) aufgeführt zusammen mit Empfehlungen, wie die Versuche (Anzahl Messungen etc.) durchzuführen sind (ICH 2005). Es gibt vier ausgewiesene Methodenkategorien: Gehalt, Identität, Verunreinigungen qualitativ und Verunreinigungen quantitativ. Dies stellt eine Grob-Klassifikation dar, die auf viele Analysenmethoden angewendet werden kann. Sofern an einem biologischen Arzneimittel z. B. 12 verschiedene Analysemethoden zur Freigabe erfolgen, lassen sich die meisten der eingesetzten Methoden in eine der vier großen Kategorien einordnen. Es gibt aber auch einzelne Methoden, die sich nicht in eine dieser Kategorien einordnen lassen (siehe Abb. 2.1).

Der **Gehalt** ist die Mengenbestimmungen der aktiven Substanz im Arzneimittel, also der Komponente, die die eigentliche Wirkung entfaltet. Die aktive Substanz kann fast alles sein, von kleinen chemischen Substanzen wie Paracetamol, über Proteine oder DNA, bis hin zu lebenden Organismen. Während wie zuvor schon gesagt bei Paracetamol chemische Methoden zum Einsatz kommen, würden die anderen in den Bereich **Bioanalytik** fallen.

Insulin ist z. B. ein **Protein** (Wachstumshormon), dessen Menge mit einer **chromatographischen Methode,** der Hochleistungsflüssigkeitschromatographie (HPLC), bestimmt werden kann (Moses et al. 2019). Diese HPLC ist eine komplexe Anlage, die aus mehreren Komponenten besteht (siehe Abb. 2.2A). Bei der Analyse wird in diesem Beispiel die Insulinflüssigkeit in ein geschlossenes

P.U.B. Vogel, *Validierung bioanalytischer Methoden,* essentials, https://doi.org/10.1007/978-3-658-31952-6_2

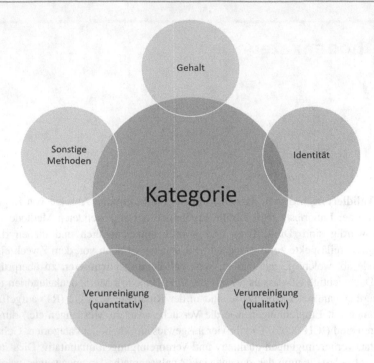

Abb. 2.1 Methodenkategorien. (Quelle: Erstellt von Patric Vogel)

System gegeben. Das Insulin wird mit einem flüssigen Puffer durch die Schläuche bzw. Metallleitungen transportiert bis es auf eine Säule trifft. Diese Säule enthält eine Oberfläche, an die sich Insulin anlagert, also binden kann. Diese Bindung ist aber änderbar (reversibel) und hängt von den Umgebungsfaktoren ab. Andere in der Probe befindliche Moleküle wandern durch die Säule durch. Durch Veränderung der Eigenschaften (z. B. Konzentration, pH-Wert) des ständig durch das System gepumpte Flüssigkeit erreicht man, dass das Insulin an einem bestimmten Punkt wieder in die Flüssigkeit übergeht, sich also von der Säulenoberfläche löst. Da dies recht schlagartig passiert, wird das gesamte Insulin innerhalb kurzer Zeit freigesetzt und wird mit dem Flüssigkeitsstrom mitgerissen. Am Ende des Systems durchläuft die Flüssigkeit einen Detektor, der ständig misst, was durch die Leitung läuft. Je mehr Insulin sich in der Probe befand, desto stärker ist das Signal. Dieses Signal wird als Kurve darstellt (die Menge, die am Detektor vorbeiläuft, nimmt zu bis sie ein Maximum erreicht hat und nimmt dann wieder ab). Da verschiedene Substanzen unterschiedliche Bindungsstärken an die Säulenoberfläche haben, lösen sie sich zu verschiedenen Zeitpunkten

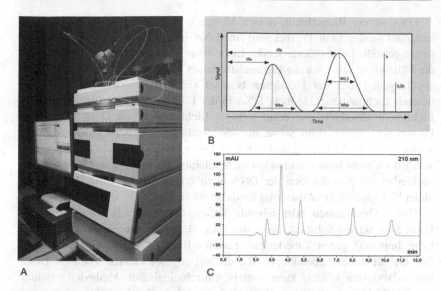

Abb. 2.2 Chromatographie-Anlage mit theoretischer Darstellung der Stofftrennung und einem Beispiel-Chromatogramm für eine Stofftrennung. (Quelle: Bild A (links): Adobe Stock, Dateinr.: 5773410; Bild B (rechts oben): Adobe Stock, Dateinr.: 181689009; Bild C (rechts unten): Adobe Stock, Dateinr.: 82895709, nachträglich modifiziert; Bilder lizenziert von Patric Vogel)

(= Stofftrennung) und können als unterschiedliche Kurven, sog. Peaks, dargestellt werden (siehe Abb. 2.2B). Die Ergebnisse eines Testlaufs werden auch **Chromatogramm** genannt (siehe Abb. 2.2). Je nach Arzneimittel können z. B. durch andere in der Testprobe enthaltene Komponenten (auch Verunreinigungen) Zusatzsignale erzeugt werden, die sich aber bei gut eingestellter Methode von der aktiven Substanz abgrenzen lassen (siehe Abb. 2.2C). Das Signal wird anhand einer sog. Standardkurve (unterschiedliche Mengen einer bekannten Insulin-präparation) in die eigentliche Einheit z. B. Menge/Milliliter umgerechnet. Grundsätzlich gibt es meist mehrere methodische Möglichkeiten, den Gehalt von Biomolekülen oder Zellen zu bestimmen. Bei Insulin ist z. B. die beschriebene HPLC sogar ein Ersatz, der sich erst in den letzten Jahren durchgesetzt hat. Vorher (und bis heute immer noch) war/ist ein in vivo Test in lebenden Kaninchen der Standard-Test, um die **biologische Aktivität** des Insulins zur Chargenfreigabe zu messen (Hamza 2018). Da die Behörden in den letzten Jahren verstärkt darauf drängen, diese ethisch fragwürdigen Arzneimittel-Tests an lebenden Tieren durch in vitro Labormethoden zu ersetzen, wurde in diesem Beispiel eine HPLC-Methode entwickelt (Hack et al. 2016).

DNA ist ein **Biomolekül,** dessen Menge z. B. mittels Absorptionsmessung bestimmt werden kann. Hierbei wird eine DNA-haltige Lösung in ein sog. Photometer gestellt. Dieses Gerät sendet Licht einer bestimmten Wellenlänge durch die Flüssigkeit. DNA hat die Eigenschaft dieses Licht zu absorbieren, also quasi abzufangen. Hinter der Flüssigkeit befindet sich ein Detektor, der das durchtretende Licht auffängt. Je mehr DNA in der Lösung vorhanden ist, desto mehr Licht wird absorbiert und desto weniger Licht kommt am Detektor an. Das Photometer rechnet dann selbst aus (durch eine gespeicherte Standardkurve), wieviel DNA in der Lösung vorhanden ist. Diese Methode ist sehr einfach, eignet sich jedoch nicht immer, zumindest nicht alleinig, als echte Gehaltsbestimmung, da hierbei die Zustandsform der DNA nicht erfasst wird, die für die Aktivität vieler biologischer, DNA-basierter Produkte wichtig ist.

Ganze **Organismen** oder **lebende Zellen** sind vielleicht die komplexeste Form einer aktiven Substanz. Diese werden z. B. bei Impfstoffen eingesetzt (z. B. beim Impfstoff gegen Tuberkulose, genannt Bacille-Calmette-Guérin (BCG)). Der **Gehalt** dieses Lebendimpfstoffs, der auf abgeschwächten lebenden Tuberkulose-Bakterien beruht, kann mittels mikrobiologischer Methoden ermittelt werden (Milstien und Gibson 1990). Dabei wird die Impfstoff-Suspension verdünnt und die Flüssigkeit auf speziellen Nährböden gegeben (runde Plastikschalen mit hohem Rand, in denen sich eine recht feste geleeartige Substanz befindet, die alle Nährstoffe enthält, die Bakterien zum Wachstum benötigen). Da sich Bakterien stetig durch Zweiteilung vermehren, bildet sich an jeder Stelle, an der ein Bakterien vorhanden war, nach wenigen Wochen (andere Bakterien bilden schon nach einem Tag eine sichtbare Kolonie) eine mit dem bloßen Auge sichtbare bakterielle Kolonie (Abb. 2.3). Die Kolonien werden gezählt und unter Berücksichtigung der Verdünnung zurückgerechnet, wie viele Bakterien sich z. B. pro ml in der Impfstofflösung befinden.

Biologische Arzneimittel sind aber mittlerweile vielseitiger. Zum Beispiel sind Stammzellen ganze, lebensfähige Zellen, die die **aktive Substanz** darstellen. Es gibt aber auch diverse in der Entwicklung befindliche therapeutische Produkte wie z. B. abgeschwächte Bakterien, die gentechnisch verändert wurden und die eingesetzt werden sollen, um bestimmte Tumore zu bekämpfen. Es gibt verschiedene Wirkprinzipien, von Bakterien, die Tumorzellen selbst schädigen, über Bakterien, die Tumor-assoziierte Antigene bilden, bis hin zu Bakterien, die nur DNA-Moleküle tragen. Im letzten Fall wird die genetische Information von den Immunzellen, nachdem sie die Bakterien „aufgefressen" haben, selbst in Proteine übersetzt (Xiong et al. 2010; Sedighi et al. 2019). Diese Produkte sollen den Tumor schädigen oder eine starke Immunantwort stimulieren, die sich gegen den Tumor richtet. Diese Beispiele zeigen, wie stark die eingesetzte Methodik von der

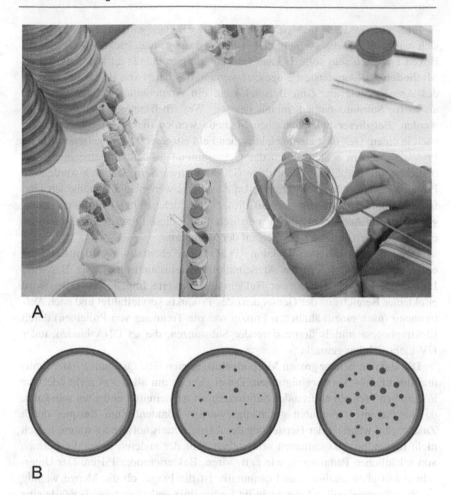

Abb. 2.3 Prinzip des Nachweises und Mengenbestimmung von lebensfähigen Bakterien. (Quelle: Bild A (oben): Adobe Stock, Dateinr.: 329919276; Bild B (unten): Adobe Stock, Dateinr.: 264200390; Bilder lizenziert von Patric Vogel)

Beschaffenheit der zu analysierenden Testprobe abhängig ist. In einigen Fällen würde eine einfache Zählung dieser Bakterien als Gehaltsbestimmung nicht mehr ausreichen, um den Gehalt bzw. die biologische Aktivität zu messen, da die Bakterien teilweise nur ein Vehikel sind, um die aktive Substanz (rekombinantes DNA-Molekül) in Körperzellen zu schleusen.

Eine weitere Kategorie ist die **Identität.** Hierbei wird untersucht, ob es sich wirklich um das Arzneimittel handelt, dass gemäß Packungsbeilage und Etikett enthalten sein soll. Es kann fast die gesamte Palette an **bioanalytischen Methoden** als Identitätstest eingesetzt werden, das hängt von den Eigenschaften des Arzneimittels ab. Zum Beispiel kann ein Arzneimittel, dass ein Protein als aktive Substanz enthält, mittels des sog. Western-Blots auf Identität geprüft werden. Bei dieser bioanalytischen Methode werden die Proteine Ihrer Größe nach in einem Gel, dass einem elektrischen Feld ausgesetzt wird, getrennt. Kleine Proteine wandern schnell durch das Gel, während größere Proteine mehr Zeit brauchen, um durch das porenhaltige Gel durchzuwandern. Dadurch werden die Proteine ihrer Größe nach getrennt. Im Anschluss werden die Proteine auf eine feste Membran übertragen und auf dieser Oberfläche mittels Antikörper nachgewiesen. Die Antikörper binden spezifisch nur an diese Proteine. Im Endresultat erhält man einen gefärbten Bereich auf der Membran.

Die Polymerase-Ketten-Reaktion (PCR) kann ebenfalls als **Identitätstests** eingesetzt werden, sofern das Arzneimittel Nukleinsäuren enthält (z. B. Virus-Impfstoffe, lebende Zellen oder Nukleinsäure-basierte Impfstoffe). Dabei wird ein kleiner Bereich aus der Gensequenz des Produkts vervielfältigt und nach Auftrennung (nach einem ähnlichen Prinzip wie die Trennung von Proteinen) durch Elektrophorese mittels fluoreszierender Substanzen, die an DNA binden, unter UV-Licht sichtbar gemacht.

Die anderen beiden großen **Methodenkategorien** sind qualitative (oder limit) und quantitative **Verunreinigungen.** Dabei geht es um alles was nicht oder nur in geringen Mengen an fremden Substanzen im Arzneimittel enthalten sein kann, da die Patienten hierdurch geschädigt werden könnten. Zum Beispiel durch Zusätze, die während der Herstellung des Arzneimittels notwendig waren, jedoch nicht im Endprodukt enthalten sein sollten. Auf der anderen Seite alle Formen von schädlichen Pathogenen, wie z. B. Viren, Bakterien oder Pilzen. Der Unterschied zwischen qualitativ und quantitativ ist die Frage, ob die Menge wichtig ist. Zum Beispiel sollen Viren nicht im Endprodukt enthalten sein, da würde eine Angabe der Menge wenig Sinn machen. Entweder sind sie da (Rückweisung und Vernichtung der Charge) oder nicht (**Qualitätsanforderungen** bezüglich Verunreinigungen durch Viren erfüllt). Andere Verunreinigungen sind nicht in jeder Konzentration schädlich. In vielen Fällen definieren Behörden (bzw. eine **Arznei-buch-Monographie**) einen Grenzwert, der nicht überschritten werden darf. Hier ist es wichtig, die Menge (letztlich wie den zuvor beschriebenen Gehalt) genau bestimmen zu können. In dem Fall eines unteren Grenzwerts (auch obere Grenzwerte oder Wertebereiche sind möglich) entspricht das Arzneimittel den Anforderungen, sofern der gemessene Wert unter dem Grenzwert liegt. Sofern

der gemessene Wert über dem Grenzwert liegt, erfüllt die Charge des Arzneimittels die Qualitätsanforderungen nicht. Ein Beispiel für eine Verunreinigung,
die mittels **bioanalytischer Methoden** quantifiziert wird, ist Endotoxin. Diese
Verunreinigung stammt aus bestimmten Bakterien und kann in höheren Mengen
Fieber oder schlimmere Reaktionen auslösen. Gerade wenn das Arzneimittel
mittels Vermehrung in Bakterien hergestellt wurde, können diese im Produkt trotz
Aufreinigung vorkommen.

Während sich die meisten Methoden in eine dieser vier großen **Methodenkategorien** einordnen lassen, gibt es weitere Methoden, häufig chemisch-
physikalischer Natur, die irgendwie anders sind. Zum Beispiel könnte der
pH-Wert eines flüssigen Arzneimittels sehr wichtig sein, um die Aktivität zu
erhalten. Der pH-Wert misst weder die Menge der aktiven Substanz noch die
Identität. Der pH-Wert geht aber auch logischerweise nicht als Verunreinigung
durch. Trotzdem kann es eine Eigenschaft des Arzneimittels sein, die sehr
wichtig ist, um die Aktivität des Proteins zu erhalten, dessen Aktivität vielleicht
bei extremen pH-Wert geschädigt wird. Methoden, die nicht in die Methodenkategorien passen, sind häufig Standard-Methoden, deren Durchführung in einer
Arzneibuch-Monographie beschrieben sind. Dies sind Methoden, die sich über
Jahre oder Jahrzehnte in verschiedenen Laboren oder Referenzlaboren erfolgreich gezeigt haben. Durch die Aufnahme in das Arzneibuch erlangt die jeweilige
Methode einen fast schon elitären Referenzstatus (=Arzneibuchmethode), gilt
damit allgemein als zuverlässig. Es wäre jedoch leichtsinnig, dies auf jedes Labor
zu verallgemeinern. Aus diesem Grund sollten auch diese Methoden im eigenen
Labor auf Eignung geprüft werden, da allein eine ungenügende Laborpraxis
zu ungenauen oder falschen Resultaten führen kann. Zum Beispiel erfolgt die
Messung des pH-Werts mit sog. pH-Metern. Ein schlecht kalibriertes pH-Meter
oder eine schlampige Arbeit bei der Reinigung der pH-Elektrode können auch
eine Standard-Methode verfälschen.

Validierungsparameter 3

Es gibt verschiedene Eigenschaften einer Methode, die wichtig sind. Zu diesen Eigenschaften zählen Richtigkeit, Spezifität, Präzision, Linearität, Arbeitsbereich, Nachweisgrenze und Bestimmungsgrenze (ICH 2005). Diese unterschiedlichen Eigenschaften werden auch **Validierungsparameter** genannt. Die Frage, welcher dieser Eigenschaften experimentell durch Labortests zu untersuchen sind, richtet sich nach der **Methodenkategorie** (siehe Tab. 3.1). Richtlinien zur Methodenvalidierung gibt es auch in anderen geografischen Regionen wie den USA (FDA 2015) und sogar speziell für bioanalytische Methoden (FDA 2018).

3.1 Richtigkeit

Die **Richtigkeit** ist das Vermögen der Methode den nominal richtigen Wert einer Probe zu ermitteln. Wenn wir uns an die Beispiele in Kap. 1 erinnern, dann vertrauen wir Anzeigen oder Ergebnissen im Alltag sehr häufig, ohne ihre Richtigkeit zu hinterfragen. Nehmen wir uns als einfaches Beispiel die Körpergrößenmessung beim Arzt. Häufig ist an der Wand eine Schiene mit Markierungen, ähnlich zum Maßband, angebracht. Man stellt sich mit dem Rücken an die Schiene und es wird ein beweglicher horizontaler Anschlag auf den Kopf geschoben, um danach die Körpergröße ablesen zu können. Normalerweise gehen wir auch hier davon aus, dass die Messung ein richtiges Resultat erbringt. Was aber, wenn irgendwann ein Kind unbeobachtet an der Schiene gezogen hat und sie etwas, sagen wir 3 cm, verstellt hat? So ein vergleichbar kleiner Fehler würde vielleicht lange Zeit nicht auffallen. Das Ergebnis wäre jedoch, dass jede in der Folge durchgeführte Körpermessung fehlerhaft wäre. Dies wird **systematischer Messfehler** genannt.

© Der/die Herausgeber bzw. der/die Autor(en), exklusiv lizenziert durch
Springer Fachmedien Wiesbaden GmbH, ein Teil von Springer Nature 2020
P.U.B. Vogel, *Validierung bioanalytischer Methoden, essentials,*
https://doi.org/10.1007/978-3-658-31952-6_3

Tab. 3.1 Validierungsparameter, die bei verschiedenen Methodenkategorien ermittelt werden müssen

Parameter	Gehalt	Identität	Verunreinigungen qualitativ (limit)	Verunreinigungen quantitativ
Richtigkeit	x	–	–	x
Spezifität	x	x	x	x
Präzision (Wiederhol-barkeit)	x	–	–	x
Präzision (Inter-mediäre Präzision)	x	–		x
Linearität	x	–	–	x
Arbeitsbereich	x	–	–	x
Nachweisgrenze	–	–	x	–
Bestimmungsgrenze	–	–	–	x

Ähnliche Effekte können auch bei **bioanalytischen Methoden** vorliegen. Je nach Einstellung und Kalibrierung der verwendeten Geräte und der Komplexität der Methode an sich, können Abweichungen vom richtigen Wert auftreten. Da reißt niemand dran wie im obigen Beispiel, es können aber andere Gründe vorliegen, die zu einer **systematischen Messabweichung** führen.

Die Gründe können vielseitig sein, von Störeffekten durch andere Komponenten im Arzneimittel, die die Messung beeinflussen, bis hin zu falsch eingestellten Messinstrumenten.

Im Rahmen der Validierung bei quantitativen Tests, also Tests, die dazu dienen, die Menge einer Substanz (aktive Substanz oder Verunreinigung) zu ermitteln, muss die Richtigkeit bestimmt werden.

Nehmen wir uns Insulin als Beispiel. Insulin wird eigentlich in der internationalen Einheiten IU (abgeleitet vom englischen Begriff international unit) angegeben. Zur Vereinfachung messen wir Insulin hier in Gewicht/Volumen, z. B. Mikrogramm/ml (Mikrogramm ist ein tausendstel Gramm). Wir verwenden dabei die in Kap. 3 genannte Chromatographie-Methode. Unsere Testprobe hat dabei eine Menge (Konzentration) von 100 µg/ml.

Aber woher weiß die Chromatographie-Anlage eigentlich, was 100 µg/ml sind? Und woher wissen wir, ob unsere Testprobe wirklich 100 µg/ml hat? Hierzu werden, sofern verfügbar, **Referenzstandards** verwendet. Das sind Präparationen, die von zertifizierten Stellen, verkauft werden. Diese Präparationen sind gut analysiert, d. h. man weiß das die ausgewiesene Konzentrationsangabe stimmt. Dieser

Wert ist, von wenigen Ausnahmen abgesehen, bei den Referenzsubstanzen z. B. aufgrund von unsachgemäßer Lagerung selbst Qualitätsdefekte aufweisen, der anerkannt **richtige Wert,** der über jeden Zweifel erhaben ist.

Nun wird der Software des Gerätes „beigebracht", welches Messsignal, das vom Detektor gemessen wird, welcher Konzentration entspricht. Hierzu wird eine sog. **Standardkurve** erstellt, d. h. es werden verschiedene Konzentrationen (z. B. 200 µg/ml, 150 µg/ml, 100 µg/ml, 50 µg/ml und 10 µg/ml) mit der Chromatographie-Anlage gemessen und vorher eingegeben, welche Testprobe welche Konzentration besitzt. Daraus berechnet die Software der Chromatographie-Anlage, welches Messsignal welcher Konzentration entspricht und berechnet eine Standardkurve. In der Folge können unbekannte Testproben, die in dem Konzentrationsbereich liegen, gemessen werden. Die Anlage misst die Signalstärke der Testprobe, vergleicht diese mit der Standardkurve und ermittelt das Ergebnis.

Wenn wir nun die **Richtigkeit** unserer neuen Methode überprüfen möchten, messen wir diesen **Referenzstandard.** Das Ergebnis zeigt uns an, ob die Methode richtig misst oder eine Abweichung aufweist. Viele Messungen sind nicht absolut genau, deswegen wird je nach Probe und Methode ein **Toleranzbereich** angegeben, sagen wir 99,0–101,0 µg/ml. Der Toleranzbereich, auch Akzeptanzbereich genannt, stammt in einigen Fällen aus dem Arzneibuch. In anderen Fällen wird dieser Bereich vom Hersteller festgelegt, muss aber auch von behördlicher Seite akzeptiert werden. Die Entscheidung, ob die Methode richtig misst, wird dann anhand der Einhaltung des Akzeptanzbereichs bewertet. Wir messen den Referenzstandard mit der Methode. Sofern das Ergebnis z. B. 99,6 µg/ml ist, ist die Richtigkeit bestätigt, d. h. wir erhalten mit unserer Methode ein Ergebnis, dass innerhalb eines zulässigen Toleranzbereichs dem Erwartungswert (richtigem Wert) entspricht. Sofern das Messergebnis bei z. B. 101,7 µg/ml liegen würde, wäre unsere Anforderungen nicht erfüllt, d. h. der **Validierungsparameter** Richtigkeit wäre nicht erfolgreich nachgewiesen. In diesem Fall müsste die Methode überarbeitet werden, um das Messergebnis näher an den richtigen Wert zu bringen.

In der Praxis wird die **Richtigkeit** häufig nicht mit einer Konzentration bestimmt. Die **ICH**-Richtlinien empfehlen eine Bewertung über einen bestimmten Konzentrationsbereich. Außerdem wird das Ergebnis häufig nicht exakt identisch sein, wenn wir die Messung einige Male wiederholen (siehe Abschn. 3.2 Präzision), dieses Phänomen betrifft die Präzision der Methode.

Viele **bioanalytische Methoden** haben eine wichtige Einschränkung, gerade zur Analyse von neuartigen biologischen Arzneimitteln. Hier sind kommerziell erhältliche **Referenzstandards** häufig Mangelware. Ein Unternehmen, dass in den letzten Jahren unter strengster Geheimhaltung intensiv an einer neuen

Stammzelltherapie forscht und in dem Zuge neue Stammzellen isoliert und vermehrt, wird einen passenden Referenzstandard nicht einfach in einem Katalog von offiziellen Behörden oder privaten zertifizierten Herstellern finden. Diese basieren auf jahrzehntelanger Erfahrung mit bestimmten langfristig eingesetzten Arzneimitteln, wie z. B. Insulin. Aber auch in solchen Fällen gibt es verschiedene Möglichkeiten. Zum Beispiel könnte der Hersteller eigene Referenzstandards herstellen, indem z. B. eine Charge, für die die Wirksamkeit bewiesen wurde, langfristig unter konstanten Bedingungen gelagert wird. Die eigene Herstellung wird z. B. im amerikanischen Raum von der Zulassungsbehörde Food and Drug Administration (FDA) gefordert (FDA 2018). So werden die Eigenschaften des Materials konserviert. Die Durchführung von bioanalytischen Methoden könnte dann so aussehen, dass jede gefertigte Charge im direkten Vergleich mit dieser Standard-Präparation geprüft wird. Um die Qualitätsanforderungen zu erfüllen, muss jede gefertigte Charge genauso gut oder besser abschneiden.

3.2   Präzision

Die **Präzision** ist eine weitere Eigenschaft (**Validierungsparameter**), die für quantitative Methoden untersucht werden muss. Die Präzision beschreibt wie dicht die Ergebnisse von nacheinander durchgeführten Messungen beieinander liegen. Kommen wir zurück auf das Beispiel der Körpergrößenmessung. Nehmen wir an, die Messung ist korrekt, hat also keinen systematischen Fehler. Eine Person mit einer Körpergröße von genau 183 cm wird im Abstand von 10 min 3 Mal gemessen. Die Ergebnisse lauten 182,5 cm, 183 cm und 184,1 cm. Obwohl wir die gleiche Person gemessen haben, erhalten wir nicht exakt das gleiche Resultat. Bei den Messungen hat die Person vielleicht den Kopf leicht unterschiedlich stark geneigt oder auch eine andere Körperspannung gehabt. Dies führt dazu, dass wir im Mittel relativ genau auf die richtige Körpergröße kommen, die Einzelmessungen jedoch Abweichungen zeigen.

Der Unterschied aber auch der Zusammenhang zwischen **Richtigkeit** und **Präzision** ist in Abb. 3.1 veranschaulicht. Sofern die Ergebnisse einer bioanalytischen Methode im Mittel den richtigen Wert ergeben, aber gewisse Unterschiede der Einzelmessungen aufweisen, liegt eine hohe Richtigkeit trotz Schwankungen vor (Fall A in Abb. 3.1). Sofern die Einzelmessungen sehr dicht beieinander liegen, jedoch weit entfernt vom richtigen Wert sind, hat man eine hochpräzise Methode, die aber falsch misst (Fall B in Abb. 3.1). Der Idealfall ist, dass die Methode sowohl richtig als auch präzise misst (Fall C in Abb. 3.1).

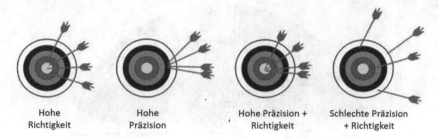

Hohe
Richtigkeit

Hohe
Präzision

Hohe Präzision +
Richtigkeit

Schlechte Präzision
+ Richtigkeit

Abb. 3.1 Zusammenhang von Richtigkeit und Präzision. (Quelle: Adobe Stock, Dateinr.: 308832180; Lizenziert von Patric Vogel)

Der schlechteste Fall ist, dass die Methode im Mittel falsch misst und zudem starke Unterschiede in den Einzelwerten aufweist (Fall D in Abb. 3.1).

Es gibt den einen oder anderen Analysten, gerade mit chemischen Hintergrund oder Erfahrung mit der Analyse von klassischen Arzneimitteln, die auf die Ungenauigkeit und mangelnde Präzision von vielen **bioanalytischen Methoden** schimpfen, und ja, ein Körnchen Wahrheit ist dran. Viele Biomoleküle, gerade wenn sie Teil einer komplexeren Struktur sind, lassen sich nicht so messerscharf analysieren wie chemisch einfach aufgebaute Wirksubstanzen. Zum Beispiel sind Viren im Vergleich zu Bakterien sehr klein und simpel aufgebaut, jedoch ist ihre Komplexität, bestehend aus Virus-Genom, Hüllproteinen und -membranen und Vermehrungseigenschaften um ein tausendfaches höher als die von chemisch definierten Substanzen wie Paracetamol. Aus diesem Grund sind bei vielen bioanalytischen Methoden die **Akzeptanzbereiche** etwas weiter gefasst als bei chemisch-physikalischer Messmethodik.

Es werden beim Parameter **Präzision** verschiedene Ebenen unterschieden (siehe Abb. 3.2). Der einfachste Fall ist die wiederholte Messung der gleichen Testprobe mehrfach direkt hintereinander in einer zusammenhängenden Serie von Messungen in einem Testdurchlauf. Diese Ebene wird Wiederholbarkeit genannt. Alle Proben haben sehr ähnliche Bedingungen. Die Streuung, die dabei auftritt, also der Unterschied zwischen den Einzelergebnissen, stellt die niedrigste, mögliche Variabilität der Methode dar. Die gemessenen Unterschiede können z. B. aus einer Ungenauigkeit beim Pipettieren (Überführen von Flüssigkeit) der Probe oder Reagenzien, aber auch durch leichte Messungenauigkeiten des verwendeten Laborgeräts oder individuellen Faktoren wie Unterschiede in der Mischintensität bei einem manuellen Mischvorgang, resultieren.

Sofern der gleiche Versuch zu einem anderen Zeitpunkt wiederholt wird, treten gewöhnlich etwas größere Abweichungen auf, da diverse Faktoren

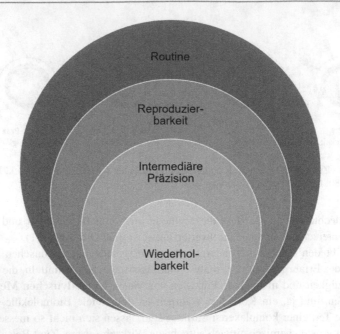

Abb. 3.2 Ebenen der Präzision. (Quelle: Erstellt von Patric Vogel)

Einfluss auf die Abweichungen haben, wie z. B. Raumtemperatur, Luftfeuchtig-keit, Justierung, aber auch individuelle Unterschiede im Arbeiten zwischen ver-schiedenen Laboranalysten. Häufig werden gezielt einzelne Faktoren wie die Durchführung an einem anderen Tag, durch eine andere Person oder durch Ver-wendung eines anderen baugleichen Laborgerätes, variiert. Die nächste Ebene ist nicht immer relevant, da sie sich auf die Testdurchführung in verschiedenen Laboren bezieht. Es können hier noch größere Unterschiede in der **Präzision** auf-treten, etwa aufgrund der Verwendung von Laborgeräten von anderen Herstellern etc. Ein Vergleich der Methoden zwischen Laboren bezüglich der Präzision wird Reproduzierbarkeit genannt. Die letzte Ebene ist die Routine, also der Fall, dass die **bioanalytische Methode** häufig für Analysen eingesetzt wird und somit natürlichen Schwankungen unterworfen ist. Wichtig ist, dass die Methode nicht nur unter sehr kontrollierten Bedingungen (alle Messungen direkt hinter-einander), sondern auch unter Routine-Bedingungen das erforderliche Maß an Präzision aufweist.

3.3   Weitere Validierungsparameter

Die **Spezifität** ist die Fähigkeit der Methode, spezifisch nur das gewünschte Biomolekül nachzuweisen, ohne dass andere Komponenten, die Teil des Produkts sind und solche, die potenziell vorhanden sein könnten, zum Signal beitragen, das gleiche Signal erzeugen oder es verfälschen. Nehmen wir als Beispiel ein gentechnisch hergestelltes Protein, dass mit einer chromatographischen Trennmethode wie der HPLC analysiert wird. Diese Proteine werden häufig durch Vermehrung in Bakterien in Bioreaktoren, sog. Fermentern, hergestellt. Nach Beendigung der Fermentation werden die Bakterien und deren Bestandteile entfernt. Hier befinden sich bakterielle Komponenten, z. B. Zellwandbestandteile, bakterielle Proteine, RNA, DNA und Lipide in der Biomasse. Diese werden durch anschließende Reinigungsschritte weitestgehend entfernt, meist jedoch nicht vollständig. Beim Einsatz der HPLC bedeutet Spezifität, dass das Protein, deutlich von anderen Komponenten unterschieden werden, also das Signal nicht von diesen Störfaktoren verfälscht wird.

Die **Nachweisgrenze** ist die geringste Menge an Substanz, die vor dem Hintergrund des Methodenrauschens festgestellt werden kann. Das Methodenrauschen hängt von bestimmten Faktoren der Methode ab. Zum Beispiel wird bei der real-time PCR ein Fluoreszenzsignal gemessen. Je mehr DNA sich während der real-time PCR bildet, desto höher ist das Fluoreszenzsignal. Es gibt aber auch in Abwesenheit von DNA eine geringe Menge von Hintergrundfluoreszenz, dass als Grundrauschen der Methode bezeichnet wird. Signale von DNA-haltigen Proben können nur dann als echte Signale erkannt werden, wenn sie sich deutlich von diesem Grundrauschen abheben. Dieses **Hintergrundrausche**n ist Teil jeder Methodik. Die Nachweisgrenze wird nur bei Methoden ermittelt, die qualitativer Natur sind, also das Vorhandensein von einer Substanz mit ja oder nein beantworten (vorhanden/nicht vorhanden). Bestimmte Verunreinigungen (z. B. kontaminierende Mikroorganismen) dürfen nicht im Produkt vorhanden sein, die Frage wie viel ist hierbei irrrelevant.

Die **Quantifizierungsgrenze** wird bei quantitativen Methoden auf Verunreinigungen ermittelt. Dies ist die geringste Menge, der Verunreinigung, die gerade noch richtig und präzise ermittelt werden kann. Das kann wiederum verglichen werden mit der aktuellen Geschwindigkeitsanzeige von Autos, auch wenn die Geschwindigkeit keine Verunreinigung ist. Bei vielen Autos wird die Geschwindigkeit neben der Tachonadel auch auf dem Display vom Bordcomputer angezeigt. Dabei gibt es Autos, bei der diese elektronische Anzeige erst ab einer Geschwindigkeit von z. B. 30 km/h angezeigt wird. In diesem Fall ist die Quantifizierungsgrenze der Geschwindigkeit der elektronischen Anzeige 30 km/h, obwohl die Tachonadel noch geringe Geschwindigkeiten (hoffentlich richtig) anzeigen kann und damit eine geringe Quantifizierungsgrenze aufweist. Genauso wäre es bei der Messung der Körpergröße. Sofern die Schiene mit der Messskala erst bei 60 cm beginnt. Dann wäre die Quantifizierungsgrenze der Körpergrößenmessung 60 cm. Kinder, die kleiner sind, können sich zwar drunterstellen, wir können aber nicht messen, wie groß sie sind. Die Quantifizierungsgrenze kann mit der **Nachweisgrenze** übereinstimmen oder höher sein als die Nachweisgrenze, sie kann aber nie niedriger sein.

Die **Linearität** beschreibt den Bereich, in dem das Messsignal proportional zur Probenkonzentration ist. Gleich welches Produkt schwanken die **Gehalts-werte** der Testproben, da häufig nicht jede gefertigte Charge den exakt gleichen Gehalt aufweist. D. h. wir müssen unterschiedlich konzentrierte Proben messen und wollen natürlich, dass uns die Ergebnisse diese Unterschiede auch zeigen. **Verunreinigungen** können sogar noch stärkere Schwankungen der Menge aufweisen. Es darf aber nicht automatisch angenommen werden, dass bioanalytische Methoden stets linear (d. h. je mehr drin, desto höher das Signal) messen. Es gibt Fälle, in denen bei geringeren und höheren Konzentrationen das Signal nicht zunimmt, obwohl sich die Probenkonzentration unterscheidet (gekrümmte Kurve in Abb. 3.3).

Ein gutes Beispiel zur Veranschaulichung ist ein Test, der ELISA (Abk. der englischen Bezeichnung Enzyme-linked immunosorbent assay) genannt wird. Dieser Test wird z. B. auch häufig eingesetzt, wenn uns beim Arzt Blut

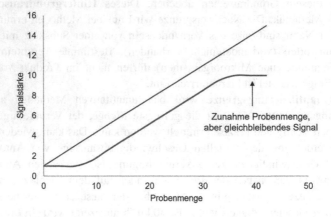

Abb. 3.3 Lineare und nicht-lineare Beziehungen zwischen Konzentration und Signal. (Quelle: Erstellt von Patric Vogel)

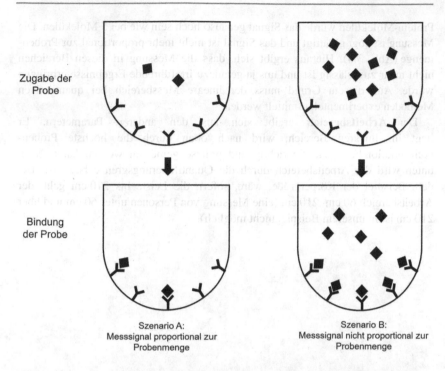

Zugabe der Probe

Bindung der Probe

Szenario A:
Messsignal proportional zur Probenmenge

Szenario B:
Messsignal nicht proportional zur Probenmenge

Abb. 3.4 Beispiel für Sättigungseffekte beim ELISA. (Quelle: Erstellt von Patric Vogel)

abgenommen wird, um auf bestimmte Infektionskrankheiten zu testen. Wir nehmen als Beispiel einen sog. Sandwich-ELISA, d. h. der Test startet mit Antikörpern, die spezifisch unser Produkt binden. Die Antikörper sind auf einer festen Phase. Wir geben als nächstes unser Produkt, z. B. ein Protein dazu, dass spezifisch an die Antikörper bindet. Die Messung wird später abgeschlossen, wenn wir einen weiteren Antikörper hinzugeben, der wiederum auf die andere Seite unseres Proteins andockt und an ein Enzym gebunden ist, dass eine Farbreaktion verursacht. Je mehr Protein in der Probe ist, desto stärker wird die Farbenwicklung, deren Intensität mit einem Laborgerät ausgelesen wird.

In unserem Beispiel haben wir 5 Bindungsstellen für Protein-Moleküle. Sofern unsere Testprobe 2 Protein-Moleküle enthält, binden diese und verursachen ein Signal. Wenn unsere Testprobe 4 Protein-Moleküle hat, ist das resultierende Signal doppelt so hoch, als proportional zur Menge. Ab 5 Protein-Molekülen sind aber alle Bindungsstellen besetzt. Bei Messung einer Testprobe mit 10

Protein-Molekülen würde das Signal genauso hoch sein wie bei 5 Molekülen. Die Messung ist sog. gesättigt und das Signal ist nicht mehr proportional zur Probenmenge (Abb. 3.4). Hieraus ergibt sich, dass die Messung in diesen Bereichen nicht mehr zuverlässig ist und uns ja geradezu irreführende Ergebnisse erbringen würde. Aus diesem Grund muss der lineare Messbereich bei quantitativen Methoden experimentell ermittelt werden.

Der **Arbeitsbereich** ergibt sich aus den anderen Parametern. Er liegt im linearen Bereich, wird nach oben durch die höchste Probenkonzentration begrenzt, die richtig und präzise gemessen werden kann. Nach unten wird der Arbeitsbereich durch die Quantifizierungsgrenze begrenzt. Bei dem Beispiel der Körpergröße, wäre, sofern die Leiste bis 210 cm geht, der Arbeitsbereich 60 cm–210 cm (eine Messung von Personen unter 60 cm und über 210 cm ist in unserem Beispiel nicht möglich).

Validierungsumgebung und Validierungsplanung

4

4.1 Validierungsumgebung: Der große Unterschied zwischen akademischen und GMP-Laboren

Wer sich für wissenschaftliche Artikel in Fachmagazinen interessiert, wird häufig Titel wie „Validierung von…" finden. Hierbei haben Wissenschaftler eine Methode für die Analyse von bestimmten Proben entwickelt, auf Eignung überprüft und veröffentlichen Ihre Daten. Im Grunde genommen kann jeder, egal ob Uni-Forscher oder GMP-Spezialist, die in Kap. 3 genannten Eigenschaften der Methode überprüfen. Dann sollte doch die **Validierung** den gleichen Stellenwert haben? Weit gefehlt! Eine **GMP-konforme** Validierung geht weit über die Durchführung einer begrenzten Anzahl von Tests hinaus. Der entscheidende Unterschied liegt im Umfeld. Diese Umgebung stellt erst sicher, dass die im Rahmen der Validierung erzielten Ergebnisse überhaupt Bestand haben und vor allem, langlebig sind.

Zu dieser Umgebung gehören bestimmte Faktoren, die in einem **Qualitätsmanagementsystem** unverzichtbar sind:

- Angemessene Räumlichkeiten
- Schulungssystem
- Lieferantenqualifizierung
- Überprüfung und Freigabe von Reagenzien für Analysen
- Gerätequalifizierung
- Risikoanalysen
- Dokumentenmanagementsystem
- Abweichungssystem

- Änderungskontrolle
- Festlegung von Akzeptanzkriterien

Die **Qualität** der eingesetzten Laborreagenzien muss überprüft werden. Hierbei muss die Überprüfung nicht unbedingt über viele Labortests erfolgen, sofern die Reagenzien von vertrauenswürdigen Lieferanten bezogen werden, die ebenfalls ein Qualitätsmanagementsystem etabliert haben und die Analysen, die z. B. im Arzneibuch gefordert sind, selbst durchführen. Dies wird auf sog. **Analysenzertifikaten** (CoA für den englischen Begriff Certificate of Analysis) dokumentiert, die mitgeliefert werden.

Für die Durchführung von **analytischen Methoden** werden **Laborgeräte** benötigt. Es gibt eine Vielzahl von verschiedenen Laborgeräten und Laborbedarf, die für Qualitätskontrollversuche eingesetzt werden, z. B. Pipetten (um genaue Flüssigkeitsmengen überführen zu können), Schüttler (um Lösungen zu schütteln oder bei einer bestimmten Temperatur zu temperieren), Zentrifugen (Geräte, die Substanzen mit hoher Geschwindigkeit drehen, um eine Trennung zwischen Bestandteilen zu erreichen), Inkubatoren (für z. B. Zellkulturen oder Nährböden für die Anzucht und den Nachweis von Mikroorganismen), aber auch z. B. chromatographische Anlagen (für die Trennung und den Nachweis von Molekültypen) oder Maschinen für die Polymerase-Kettenreaktion (PCR). Es können je nach Größe des **Qualitätskontrolllabors** dutzende oder hunderte Geräte vorhanden sein.

Laborgeräte dürfen nicht ohne vorherige Überprüfung, **Qualifizierung** genannt, für analytische Prüfungen eingesetzt werden. Die Qualifizierung ist ein mehrstufiger Prozess, bei dem die Eignung der Geräte nachgewiesen und dokumentiert wird. Es wird eine Vielzahl von Dokumenten während dieser Überprüfung erstellt, sog. Qualifizierungsunterlagen. Die Überprüfung kann je nach Gerät verschiedene Aspekte beinhalten. Neben Sicherheitsaspekten für das Personal, werden hier u. a. die Funktionen des Laborgeräts überprüft.

Eine **Qualifizierung** besteht gewöhnlich aus den folgenden Stufen (Elroy 2018):

- Designqualifizierung (DQ) → Festlegung von Anforderungen an das Gerät
- Installationsqualifizierung (IQ) → Installation und Überprüfung auf Einhalt der Anforderungen
- Funktionsqualifizierung (OQ) → Prüfung Gerätefunktion (z. B. Temperierung, Lichtmessung) auf Erfüllung der Anforderungen
- Leistungsqualifizierung (PQ) → Prüfung, ob Gerät auch unter Routine-Bedingungen (z. B. hohe Messfrequenz, reale Proben) die Anforderungen erfüllt

Nach der erfolgreichen Qualifizierung werden Laborgeräte für die Nutzung freigegeben (z. B. mit einem Etikett), sodass z. B. das Laborpersonal sofort erkennen kann, dass dieses Gerät verwendet werden darf.

Es müssen klar verständliche Arbeitsanweisungen **Standard-Arbeitsanweisung (SOP)** zur Durchführung der Methode vorhanden sein. SOPs sollten das Ziel klar beschreiben, eine vollständige Materialliste und Angaben zum Ansetzen von z. B. Puffer, Reagenzien und zur Testdurchführung haben. **Bioanalytische Methoden** sind meist sehr komplex, sodass die Testdurchführung in einigen Fällen bis zu mehreren Wochen dauern und aus hunderten Arbeitsschritten bestehen kann. Die Beschreibung muss so vollständig sein, dass jeder die einzelnen Schritte bis zum Erhalt des finalen Ergebnisses nachvollziehen kann. Beispiel: „Die Stammlösung XY wird fünfmal 1:10 mit Puffer verdünnt". Der erfahrene Laborant wird wissen, was damit gemeint ist und wie er es zu tun hat. Diese Beschreibung lässt aber Fragen offen. Welcher Puffer, in welchen Volumen (1 ml und 9 ml oder 10 ml in 90 ml) und in welchen Gefäßen? Die Beschreibung sollte Fehlerquellen und Unterschiede in der Ausführung von verschiedenen Personen möglichst minimieren.

Daneben sind im pharmazeutischen Unternehmen weitere **Qualitätssysteme** etabliert, die zusammen mit den bereits genannten Aspekten das Umgebungskorsett darstellen. Hierzu gehört der Umgang mit **Änderungen** und ungeplanten **Abweichungen.** Sofern etwas geändert wird oder aber aufgrund von Fehlern anders läuft als geplant, muss der Einfluss auf die Validierung bewertet werden. Bei komplexen bioanalytischen Methoden kann allein der Austausch eines Laborreagenz die Ergebnisse auf den Kopf stellen. Die genannten Systeme helfen dabei zu vermeiden, unbedacht in Probleme zu stolpern, die die Bewertung der **Produktqualität** oder die **Patientensicherheit** beeinflussen können.

Wenn dann alle Voraussetzungen der Umgebung geschaffen sind, ist ein Plan das A und O. Nur wer einen Plan hat, kann Kriterien definieren, auf deren Basis der Erfolg der Validierung bewertet werden kann. Werden erst die Resultate anschaut, ist man bei der Bewertung maßgeblich beeinflusst. Wer keine **Akzeptanzkriterien** definiert, wird sich erst bei Verfügbarkeit der Ergebnisse Gedanken machen, ob die gefundene Abweichung vom Soll-Wert okay ist. In so einem Fall neigt man natürlich dazu, die Grenzen intuitiv zu verschieben. Selbstverständlich muss der Validierungsplan genauso geschult werden wie alle anderen Abläufe. Das Personal muss dokumentiert in der Verwendung der Räumlichkeiten, Geräte und Methoden geschult sein. Die Validierung selbst besteht in einer Abfolge von spezifischen Tests. Wichtig ist, dass die Validierungsaktivitäten ausreichend dokumentiert werden, es also nachvollziehbar ist, was, wann, wo, wie und durch wen gemacht wurde. Die Mindestanforderungen an die Dokumentation ist ebenfalls im GMP-Leitfaden beschrieben (EudraLex 2011). Ein allgemeiner

Grundsatz im GMP-Umfeld ist, dass etwas, was nicht aufgeschrieben wurde, auch nicht passiert ist (Patel und Chotai 2011). Ein wichtiger Aspekt, dass hier nicht nur das Personal der **Qualitätskontrolle,** sondern auch z. B. das Personal der **Qualitätssicherung** beteiligt ist. Dieses schaut vor allem auf das alles mit „rechten Dingen" zugeht, d. h. auf die Einhaltung der Vorgaben (Vogel 2020b). Die eingesetzten Methoden müssen auch regelmäßig auf dem laufenden „Stand der Technik" gehalten werden, eine Anforderung die nicht aus dem GMP-Leitfaden, sondern z. B. in Deutschland direkt aus dem Gesetz in Form der Arzneimittel- und Wirkstoffherstellungsverordnung (AMWHV) kommt (Blasius 2014).

4.2   Validierungsplanung

Die Einführung einer neuen **bioanalytischen Methode** beginnt immer mit einer Entwicklungsphase (siehe Abb. 4.1). Es wird zunächst nach einer geeigneten Methodik gesucht, die den gewünschten Zweck erfüllt. Sofern z. B. ein Unternehmen an einem Impfstoff gegen die neuartige Krankheit COVID-19 arbeitet, muss es auch zwangsläufig die Methodik für die **Qualitätskontrolle** etablieren. Bei z. B. der Gehaltsbestimmung hängt eine geeignete Technologie natürlich vom Impfstofftyp ab, der entwickelt wird. Daneben spielen aber auch weitere Faktoren eine Rolle, z. B. die bereits verfügbaren Laborgeräte und die Expertise in verschiedenen bioanalytischen Bereichen. In Bereichen, in denen schon viele ähnliche Produkte existieren, besteht eine Fachexpertise, welche Methodik grundsätzlich gut geeignet ist. Bei neuartigen Produkten ohne eine lange Historie ergeben sich zahlreiche Optionen, aus denen man eine geeignete Methode auswählen muss. Zum Beispiel gibt es bei mRNA-Impfstoffen eine ganze Reihe von verschiedenen Analysenmethoden für jede Eigenschaft (Gehalt, Identität etc.), von denen diejenige ausgesucht wird, die am geeignetsten scheint (Poveda et al. 2019). Nachdem eine Methodik ausgewählt wurde, wird während der Methodenentwicklung eine finale Methode festgelegt und vorab auf verschiedene Eigenschaften geprüft, damit relativ sicher ist, dass die Methode eine **Methodenvalidierung** erfolgreich überstehen kann.

Zur Einführung einer Methode gehören auch **Risikoanalysen.** Im Rahmen dieser Risikoanalyen werden wichtige Faktoren analysiert und das Risiko bewertet. Diese dienen dazu, kritische Faktoren zu identifizieren, um das Risiko zu minimieren, dass zu einem späteren Zeitpunkt eine unerkannte Fehlerquelle die Validität der Methode negativ beeinflusst. Das beinhaltet z. B. die Bewertung des Einflusses verschiedener Reagenzien, kann aber vorausschauend weitere Aspekte umfassen. Zum Beispiel könnte die Entscheidung letztlich doch gegen

Abb. 4.1 Flussdiagramm Methodenentwicklung und -validierung. (Quelle: Erstellt von Patric Vogel)

die geeignetste Methodik fallen, wenn sich bei der Risikoanalyse zeigt, dass die Reagenzien von einer Quelle stammen, die die Vorgaben der **Guten Herstellungspraxis** nicht erfüllt. Ein anderer Grund könnte sein, dass der Lieferant von Laborreagenzien z. B. ein Monopol für bestimmte wichtige Reagenzien hat, die anderweitig nicht bezogen werden können und der Lieferant zudem keine Zusage geben kann, die Reagenzien auch langfristig anzubieten. Was will man schon mit einer bioanalytischen Methode anfangen, die nach Zulassung des

Produkts nicht mehr zur Analyse von Chargen eingesetzt werden kann, da der Lieferant die Produktion seiner Laborreagenzien einstellt. Eine Risikoanalyse ist jedoch keine einmalige Tätigkeit bei Einführung der Methode. Die Behörden erwarten, dass über den gesamten Lebenszyklus einer Methode (von der Entwicklung, über die gesamte Zeit der Nutzung bis zur Ausmusterung) Risikoanalysen betrieben werden. Das muss nicht jeden Monat sein, aber, z. B. wenn sich ein wichtiger Aspekt ändert. Das könnte die Umstellung der Methode auf ein neues Laborgerät sein, eine Änderung des Lieferanten der Reagenzien oder technologische Fortschritte, wegen denen die eigene Methode durch eine bessere Methode ersetzt werden soll. Dazu sind neben Risikoanalysen natürlich auch andere Verfahren wie die Änderungskontrolle notwendig, ein Verfahren, dass verhindern soll, dass eine Änderung negative Auswirkungen auf die Produktqualität hat (Vogel 2020a).

Die **Validierungsphase** selbst beginnt mit einem **Validierungsplan,** einem Dokument, in dem alle wesentlichen Punkte enthalten sind. Es wird definiert, wer, was, wann, wo und womit macht. D. h. das neben den allgemeinen Angaben, wie z. B. die Zuständigkeiten von Personal, Qualifizierungsstatus der Geräte auch die genaue Festlegung des einzusetzenden Testmaterials enthalten ist. Daneben werden alle laboranalytischen Tests zur Bestimmung der relevanten **Validierungsparameter** (z. B. Richtigkeit, Präzision, Linearität etc.) beschrieben. Ein wichtiger Aspekt ist die Festlegung von Akzeptanzkriterien für die einzelnen Validierungsparameter. Dies ist ein weiterer wichtiger Unterschied zwischen einem **GMP-Labor** und dem nicht-regulierten akademischen Labor. Nur wer die **Akzeptanzkriterien** vorab in einem gültigen Dokument festhält, hat später eine objektive Entscheidungsgrundlage zur Bewertung der Ergebnisse. Sofern kein gültiger Plan existiert, neigen einige dazu, wie bereits zuvor erwähnt, die Erfolgskriterien anhand der erzielten Ergebnisse anzupassen. Vor Start der Durchführung wird natürlich auch eine sog. Standard-Arbeitsanweisung (SOP) benötigt, die sehr genau die Durchführung von der Probenahme, Probenvorbereitung, der Analyse selbst sowie die Auswertung der Ergebnisse beschreibt.

Der nächste Schritt ist die Durchführung der Experimente durch geschultes Personal sowie die genaue Dokumentation aller durchgeführten Versuche sowie der Ergebnisse. Auf Basis dieser Aufzeichnungen wird ein **Validierungsbericht** (in einigen Fällen auch kombiniert als Protokoll und Bericht) erstellt, der die Ergebnisse zusammenfasst sowie eine Bewertung enthält, ob alle Erfolgskriterien erfüllt sind. Der Validierungsbericht wird genauso wie der Validierungsplan erstellt, geprüft und genehmigt.

Nach erfolgreichem Abschluss einer **Methodenvalidierung** darf die frisch validierte Methode dann zur Routine-Prüfung des relevanten Arzneimittels eingesetzt werden, sofern sie natürlich auch bei der Zulassung von den zuständigen Zulassungsbehörden akzeptiert und die Zulassung erteilt wurde. Die Angaben zur Methode und der Validierung müssen bereits in den Zulassungsunterlagen enthalten sein.

Validierung von bioanalytischen Methoden

5

Wir kommen nun zu Beispielen der **Validierung** von **bioanalytischen Methoden.** Wir werden uns je ein Beispiel aus einer der **Testkategorien** anschauen. Dabei gibt es neben den dargestellten Methoden viele andere Möglichkeiten, das hängt, wie bereits erwähnt, von der Natur des Arzneimittels, den Vorteilen von Methodiken und der Expertise des Herstellers ab.

5.1 Identität: Validierung eines PCR-Tests

Ein beliebter **Identitätstest** bei biologischen Arzneimitteln, die Nukleinsäure enthalten (gentherapeutische Produkte, Impfstoffe auf Basis von z. B. Viren, DNA-Impfstoffe), ist die Polymerase-Kettenreaktion (**PCR**). Das Grundprinzip ist immer das Gleiche, nämlich ein Produkt, dass sich in seiner Gensequenz von anderen unterscheidet. Zum Beispiel könnte man ein gefährliches Influenza-Virus gentechnisch so manipulieren, dass es abgeschwächt wird und so unbedenklich als Impfstoff gegen Grippe eingesetzt werden kann. In diesem hypothetischen Beispiel schneiden wir einen bestimmten Bereich aus dem Genom des gefährlichen Virus heraus. Die fehlende Gensequenz bewirkt, dass das Virus sich nicht mehr so schnell vermehren kann. Nachdem dieser Impfstoff die Zulassung erhalten, muss jede gefertigte Charge (=Anzahl von Fläschchen, die in einem Verarbeitungsgang hergestellt werden) neben den anderen Eigenschaften (Gehalt, Verunreinigungen etc.) auf Identität geprüft werden. Dazu verwenden wir eine PCR. Genau genommen ist es eine Unterart der PCR, nämlich eine RT-PCR. Der Zusatz RT steht für „Reverse Transkription". Die Nukleinsäure von Influenza-Viren besteht aus RNA, die sich in der normalen PCR nicht vermehren lässt. Hierzu wird mittels der Reversen Transkription die RNA erst in

DNA umgeschrieben und dann anschließend ein bestimmter Teil der Gensequenz in der PCR vervielfältigt.

Die Natur unseres hypothetischen Impfstoffs und das Prinzip unseres **Identitätstests** ist in Abb. 5.1 dargestellt. Aus dem Virusgenom wurde ein kleiner Bereich mittels gentechnischer Methoden herausgeschnitten. Die Gensequenz, die wir in der RT-PCR nun vermehren, liegt um den herausgeschnittenen Bereich herum. Die sog. Primer-Bindungsstellen definieren, welcher Bereich aus dem Virusgenom vervielfältigt wird. In diesem Fall liegen die Primer-Bindungsstellen vor und hinter dem herausgeschnittenen Bereich. Das führt dazu, dass bei Analyse unseres Impfstoffs mittels RT-PCR ein kleines PCR-Fragment entsteht, während die RT-PCR beim gefährlichen Wildtyp (=Ausgangsstamm) ein größeres Fragment entsteht. Die Größe von PCR-Fragmenten wird in Basenpaaren (bp) angegeben und steht für die Anzahl von einzelnen Nukleotiden (Bausteine der DNA) in diesem DNA-Strang. In unserem Beispiel würde das PCR-Fragment bei Analyse unseres Impfstoffs 200 bp betragen und 400 bp bei Analyse des ursprünglichen Virus (Abb. 5.1).

Die Visualisierung der PCR-Produkte erfolgt dann z. B. mithilfe einer klassischen Trenntechnik, der Elektrophorese. Hierbei werden die PCR-Produkte auf ein dünnes Gel aufgetragen, dass selbst in eine Flüssigkeit in einem Tank getaucht ist (Abb. 5.2A). Danach wird ein elektrisches Feld angesetzt. Da DNA immer negativ geladen ist, wandert die DNA während der Elektrophorese durch

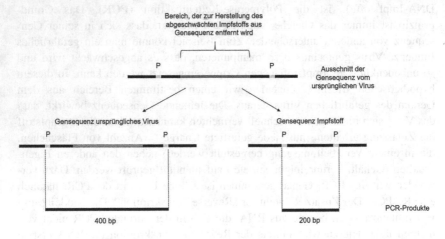

Abb. 5.1 Schematische Darstellung der genetischen Manipulation eines Influenza-Impfstoffs sowie die Resultate in einer RT-PCR (P: Primer-Bindungsstellen). (Quelle: Erstellt von Patric Vogel)

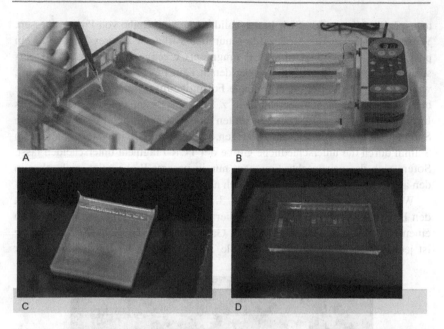

Abb. 5.2 Exemplarische Darstellung der Schritte einer Elektrophorese zur Auftrennung von DNA (A: Beladen des Gels; B: Elektrophorese; C: Platzieren des Gels auf dem UV-Tisch; D: Sichtbarmachung der DNA durch Anregung mit UV-Licht). (Quelle: Bild A (oben links): Adobe Stock, Dateinr.: 275562527; Bild B (oben rechts): Adobe Stock, Dateinr.: 208256696; Bild C (unten links): Adobe Stock, Dateinr.: 213648287; Bild D (unten rechts): Adobe Stock, Dateinr.: 208256769; Bilder lizenziert von Patric Vogel)

das Gel zum +-Pol (Abb. 5.2B). Da das Gel aus einer Porenstruktur aus vielen kleinen Gängen besteht, haben die PCR-Fragmente Widerstand. Kleine Fragmente wandern schnell durch das Gel, während sich größere Fragmente nur schwerfällig durch das Gel winden. Dadurch wird die Trennung zwischen kleinen und großen Fragmenten erreicht und die Elektrophorese beendet. Das Gel wird auf einen UV-Tisch gelegt (Abb. 5.2C). Da man das Gel vorher mit einer fluoreszierenden Substanz inkubiert hat, die an DNA bindet und bei Anregung mit UV-Licht fluoresziert, lassen sich nach dem Einschalten des UV-Lichts die Bereiche, in denen sich PCR-Fragmente befinden, erkennen (Abb. 5.2D). Die Größe der Fragmente lässt sich über einen DNA-Standard mit unterschiedlichen Banden abschätzen, der mit auf das Gel aufgetragen ist.

Gemäß Tab. 3.1 ist nur ein Validierungsparameter für einen Identitätstest wichtig, die Spezifität. Um den Nachweis zu führen, dass unser Identitätstest spezifisch ist, müssen wir in der Validierung eine Reihe von Proben messen. Wenn wir sicher gehen wollen, dass nur bei Vorliegen unseres Impfstoffs ein positives RT-PCR-Signal (das PCR-Fragment) erzeugt wird, müssen wir verschiedene Testproben analysieren, bei denen kein PCR-Fragment erwartet wird, wie z. B. Wasser, Puffer oder die finale Formulierungslösung des Impfstoffs, die bestimmte Komponenten enthält, wie z. B. Substanzen, um die Stabilität des Impfstoffs zu verbessern. Daneben sollten auch das gefährliche Virus und andere Stämme überprüft werden, um zu zeigen, dass sich unser Impfstoff von diesem Stamm durch die unterschiedliche Größe der PCR-Fragment unterscheiden lässt. Sofern sich das gewünschte Fragment nur in unserer Probe zeigt, nicht aber in den anderen, ist die Spezifität erfolgreich nachgewiesen (Abb. 5.3).

Wenn wir uns die Vorgaben aus Tab. 3.1 vor Augen führen, könnten man jetzt den Eindruck gewinnen, dass die Validierung durch einen einzigen Labortest an einem Tag abgeschlossen werden kann. Ganz falsch ist das nicht, die Validierung ist jedoch nicht der erste experimentelle Test. Während der Entwicklung dieser

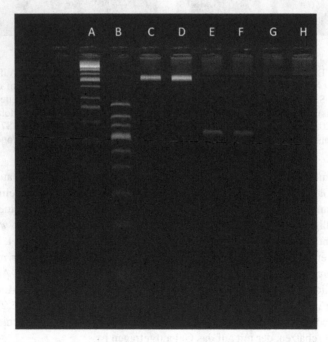

Abb. 5.3 Beispiel für das Ergebnis einer PCR-Validierung (A und B: Zwei verschiedene DNA-Größenstandards; C und D: PCR-Fragment vom ursprünglichen Virus; E und F: PCR-Fragment vom Impfstoff; G und H: Negativprobe ohne Nukleinsäure). (Quelle: Adobe Stock, Dateinr.: 342360041, nachträglich modifiziert; Lizenziert von Patric Vogel)

Methode werden zusätzliche Tests gemacht, die eine Einschätzung der Methoden-leistung erlauben. Zum Beispiel fordert die Richtlinie ICH Q 2 (R1) bereits, dass während der Entwicklung die Robustheit der Methode analysiert werden sollte (ICH 2005). Bei der Robustheit geht es darum zu zeigen, dass die Ergebnisse nicht durch kleine Variationen der Testbedingungen (z. B. Temperatur, Konzentration von Reagenzien) beeinflusst werden.

5.2   Gehaltsbestimmung: Validierung einer Virustitration

Der **Gehalt** eines Arzneimittels ist eine wichtige Eigenschaft, da sie Aussagen über die **Wirksamkeit** erlaubt. Die Wirksamkeit ist im Rahmen von klinischen Studien bewiesen worden und wird nach Zulassung häufig in Form einer in vitro Gehaltsbestimmung (im englischen potency assay genannt) ermittelt. Es gibt auch andere Arzneimittel, in denen dieser Test in vivo in lebenden Tieren erfolgt (siehe Beispiel Insulin in Kap. 2). Als Beispiel nehmen wir eine Virustitration eines Lebendimpfstoffs. Eine Virustitration ist die Bestimmung der Anzahl infektiöser Viruspartikel. In unserem Beispiel handelt es sich bei dem Produkt um einen Rotavirus-Impfstoff. Dieser Impfstoff schützt vor einer häufigen Darminfektion vor allem bei Kindern.

Es gibt verschiedene Methoden, den Virustiter zu ermitteln, z. B. in Hühnereiern oder in Zellkulturen. Unser Beispiel handelt von einer **PFU-Titration,** die von der Weltgesundheitsorganisation (WHO) als mögliche Virustitration für die Qualitätskontrolle von Rotavirus-Impfstoffen genannt ist (WHO 2007). Die Abkürzung PFU kommt aus dem Englischen und bedeutet plaque-forming units. Hierbei wird durch Bildung eines kreisförmigem „Plaque" (Bereich, in dem Zellen zerstört werden) das Virus nachgewiesen. Diese Methode ist immer dann einsetzbar, wenn das Virus sichtbare Zellschädigungen verursacht (Lambert et al. 2008), was bei Rotaviren der Fall ist. Kurzbeschreibung der Methode: Der Impfstoff wird verdünnt und ein Teil auf Zellkulturen gegeben. Diese Zellkulturen werden kurz danach mit einem halbfestem Medium überschichtet, nach einigen Tagen gefärbt und überprüft, wie viele kreisförmige Virusherde vorhanden sind. Wir nehmen weiter an, dass wir in der Entwicklung verschiedene Einfluss-faktoren, also die Robustheit, analysiert haben und zufrieden sind. Weiter legen wir fest, dass wir die in Tab. 5.1 gezeigten Akzeptanzkriterien vorher mit der zuständigen Behörde abgesprochen haben.

Für die Validierung führen wir jetzt verschiedene Versuche durch. Die **Richtigkeit** wird mit 3 verschiedenen Konzentrationen (10^5, $10^{6,5}$, 10^8 PFU/ml) jeweils mit 3 Replikaten (Messungen) geprüft, zur **Linearität** sind 5 verschiedene

Tab. 5.1 Ergebnisse der Validierung und Bewertung

Parameter	Akzeptanzkriterien (Soll)	Ergebnis (Ist)	Bewertung
Richtigkeit	Gehalt 70–130 % vom richtigen Wert	10^5 PFU = 91 % $10^{6,5}$ PFU = 97 % 10^8 PFU = 88 %	Bestanden
Spezifität	–	–	–
Wiederholbarkeit	≤30 %	15 %	Bestanden
Intermediäre Präzision	≤30 %	21 %	Bestanden
Linearität	Bestimmtheitsmaß $R^2 \geq 0{,}90$	$R^2 = 0{,}96$	Bestanden
Arbeitsbereich	Alle Konzentrationen, die richtig, präzise und linear sind	10^5–10^8 PFU/ml richtig, präzise und linear	Bestanden

Konzentration gefordert. Also machen wir gleich die Konzentrationen 10^6 und 10^7 PFU/ml mit in einem Versuch (Richtigkeit + Linearität). Die **Präzision** wird durch 2 Extra-Versuche mit je 6 Wiederholungen (6 Messungen) ermittelt, die an verschiedenen Tagen erfolgen. Sobald die Virustitration durchgeführt und die Ergebnisse auf den Protokollen dokumentiert wurden, machen wir uns an die Auswertung.

Für die Auswertung von Validierungen quantitativer Methoden kommen wir leider nicht um ein wenig Laborstatistik herum. Es gibt 3 Arten von Berechnungen, die hier notwendig sind. Die Richtigkeit wird über den Vergleich von Messwert und richtigem Wert prozentual berechnet und angegeben. Bei einem Ergebnis von 9 bei einem richtigen Wert von 10 wäre dies 9/10*100 = 90 %. Dies wird häufig auch als **Wiederfindungsrate** beschrieben (wie viel von dem, was rauskommen sollte, finde ich in der Analyse wieder). Die Variabilität der Ergebnisse wird durch die **Standardabweichung (SD)** ausgedrückt. Die Standardabweichung ist die durchschnittliche Entfernung aller Ergebnisse vom Mittelwert. Bei einem Ergebnis von 9, 10 und 11 beträgt die Standardabweichung 1. Sofern die Streuung der Einzelwerte höher ist, z. B. 7, 10 und 13, ist auch die SD größer, in diesem Fall 3. Häufig wird die relative Standardabweichung, auch **Variationskoeffizient** (CV) genannt, verwendet. Dieser Wert drückt aus, wie viel Prozent die SD vom Mittelwert ausmacht. Im Ersten Fall (8, 9 und 10, Mittelwert = 10 und SD = 1) wäre der CV 10 % (die SD ist ein Zehntel vom Mittelwert). Im zweiten Fall (7, 10, 14; Mittelwert = 10 und SD = 3) beträgt der CV 30 % (die SD ist 30 % vom Mittelwert). Bei Präzisionsversuchen empfiehlt die ICH-Richtlinie auch die Berechnung von **Konfidenz-intervallen,** aber hierauf verzichten wir zur einfacheren Darstellung.

Eine weitere **statistische Methode,** die wir brauchen, ist die lineare Regression. Diese brauchen wir, um die Linearität bewerten zu können. Wir haben 5 Probenkonzentrationen (Virustiter 10^5, 10^6, $10^{6,5}$, 10^7 und 10^8) gemessen. Die Erwartungswerte (richtiger Wert) werden auf der x-Achse gegen das Ergebnis (gemessener Virustiter) auf der y-Achse grafisch aufgetragen. Die Abbildung enthält zur besseren Darstellung den log-transformierten Virustiter ($10^6 = 6$ $\log_{10}$, $10^5 = 5$ $\log_{10}$ usw.) Die log-Transformation ist ein häufig genutztes Mittel zur Auswertung des Virustiters (Lock et al. 2010; McFarland 2018). Wir erkennen, dass die Punkte nicht alle exakt auf einer geraden Linie liegen. Dies liegt daran, dass unsere Messungen nicht 100 % mit dem richtigen Wert übereinstimmen. Das ist nicht weiter schlimm, da wir uns einen Toleranzbereich eingeräumt haben, in dem die Ergebnisse schwanken dürfen. Um die Linearität bewerten zu können, wird mithilfe der linearen Regression eine Ausgleichsgerade eingezeichnet. Diese basiert auf den einzelnen Datenpunkten und stellt die beste Anpassung für den wahren Zusammenhang zwischen richtigem Wert und Messergebnis dar. Die lineare Regression erlaubt auch den Zusammenhang zu quantifizieren. Dies wird durch das **Bestimmtheitsmaß** R^2 ausgedrückt, welches Werte zwischen 0 und 1 einnehmen kann. Sofern alle Datenpunkte dicht an der Linie liegen, nimmt R^2 einen hohen Wert ein (nahe 1), sofern die Messergebnisse stärker schwanken, ist R^2 niedriger. In unserem Fall ist $R^2 = 0,96$ (Abb. 5.4).

Die Ergebnisse des Versuchs zur Richtigkeit erfüllen alle das Erfolgskriterium von 70 %–130 %. Die Präzision (Wiederholbarkeit und intermediäre Präzision)

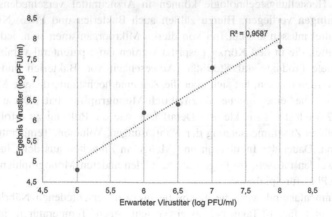

Abb. 5.4 Ergebnisse der PFU-Titration zur Bewertung der Richtigkeit und Linearität. (Quelle: Erstellt von Patric Vogel)

erfüllen ebenfalls die Kriterien. Auch die Linearität ist erfolgreich bestanden. Daraus folgt ein Arbeitsbereich (Bereich, in dem die Methode richtig, präzise und linear misst) von 10^5–10^8 PFU/ml (Tab. 5.1).

Wer genau hinschaut sieht, dass die Spezifität nicht geprüft wurde. Das ist leider bei **PFU-Titrationen** nicht möglich. Es gibt viele Viren, die diese kreisrunden Plaques bilden können, d. h. wir sehen den Plaques nicht an, dass sie durch den Rotavirus-Impfstoff verursacht wurden. Für diese Fälle hat die ICH-Richtlinie eine Sonderklausel. Sofern die Spezifität nicht ermittelt werden kann, besteht die Möglichkeit diesen Parameter über eine andere Methode zu kompensieren. Neben dem Gehalt müssen wir auch noch einen Identitätstest durchführen. Sofern wir einen spezifischen Identitätstest haben, der die Viren in der Zellkultur mit z. B. Antikörpern nachweist, kann bei der Qualitätskontrolle geschlussfolgert werden, dass das Ergebnis auf den Impfstoff zurückzuführen ist. D. h. wir haben die Schwäche der PFU-Titration durch die Berücksichtigung des Identitätstest kompensiert.

Zum Abschluss werden die Ergebnisse in einem Bericht zusammengefasst und bewertet. Sofern alle Validierungsparameter erfolgreich nachgewiesen wurden, ist die Methodenvalidierung bestanden.

5.3 Qualitative Verunreinigungen: Validierung eines Tests auf Abwesenheit von Mikroorganismen (Sterilität)

Je nach Herstellungstechnologie können in Arzneimittel verschiedenste **Verunreinigungen** vorliegen. Hierzu zählen auch Bakterien und Pilze. Nicht alle Arzneimittel müssen absolut frei von diesen Mikroorganismen sein, jedoch alle Arzneimittel, die in den Körper gespritzt werden (sog. parenteral verabreichte). Da so viele Produkte auf Sterilität (Abwesenheit von Bakterien und Pilzen) geprüft werden müssen, hat sich über die Zeit eine hochstandardisierte Methodik entwickelt, die eine eigene **Arzneibuch-Monographie** hat. Diese Monographie 2.6.1 legt bis ins kleinste Detail fest, wie die Prüfung zu erfolgen hat, einschließlich Zusammensetzung der Nährlösungen, Volumen, Temperaturen zur Inkubation, Dauer der Inkubation und Menge an Einheiten aus der Charge, die geprüft werden müssen. Im Gegensatz zu vielen anderen Monographien ist also hier kein Platz für Spielraum.

Zusammenfassend wird die Testprobe in zwei verschiedenen Nährlösungen gegeben und für 14 Tage bei zwei verschiedenen Temperaturen inkubiert. Die eine Temperatur fördert eher das Wachstum von Bakterien, die andere das Wachstum von Pilzen. Nach Ende (und zwischendurch) werden die Lösungen visuell begutachtet. Sofern sich Mikroorganismen in der Testprobe befinden, entwickelt sich eine Trübung (durch die Mikroorganismen) der Nährlösung. Sofern die Testprobe steril ist, bleiben die Nährlösungen klar. Wenn eine Trübung vorliegt, wird ein Aliquot entnommen, sogenannt subkultiviert (auf festen Nährböden ausgestrichen und erneut inkubiert) und dann abschließend z. B. mittels biochemischer Methoden bestimmt, welche Mikroorganismenart vorhanden ist.

Die Monographie hat zudem Passagen, in denen beschrieben wird, wie die Methode für jedes Produkt auf Eignung überprüft werden muss. Auch wenn in der Monographie die Begrifflichkeit **Validierung** nicht verwendet wird, entspricht dieser **Eignungstest** einer GMP-konformen Sicherstellung der Zuverlässigkeit. Bei dieser Prüfung müssen festgelegte Referenzkeime (Bakterien- und Pilzarten) verwendet werden.

Wie aus Tab. 3.1 (siehe Kap. 3) ersichtlich, sind bei **qualitativen Verunreinigungen** zwei **Validierungsparameter** wichtig, die **Spezifität** und die **Nachweisgrenze**. Diese werden untersucht, indem die vorgeschriebenen Referenzkeime vor der Analyse in geringen Mengen zum Produkt (sog. gespikt) gegeben werden. Anschließend erfolgt ein direkter Vergleich von Produkt und Produkt gespikt mit den Referenzkeimen. Das Produkt muss negativ sein. Die gespikten Proben sollen positiv ausfallen. Anschließend wird jeder der Referenzkeime mittels biochemischer Methoden identifiziert. So werden beide Validierungsparameter nachgewiesen. Es werden geringe Mengen der Referenzkeime eingesetzt (Nachweisgrenze) und der Nachweis geführt, dass alle Referenzkeime in der spezifischen Produktmatrix nachgewiesen werden können. Dieser Nachweis ist wichtig, da Arzneimittel ganz verschiedene Zusammensetzungen haben. Einige haben bestimmte Zusätze wie Öle, Fette oder andere Substanzen, die den Nachweis der Mikroorganismen stören. Deshalb wird hierdurch gezeigt, dass sich alle Referenzkeime spezifisch in der jeweiligen Produktmatrix nachweisen lassen.

Sofern dieser Nachweis gelingt, ist die sog. **produktspezifische Validierung** gelungen und die Methode kann im Anschluss zum Nachweis der Abwesenheit von Mikroorganismen an Chargen des Produkts zur **Qualitätskontrolle** eingesetzt werden.

5.4   Quantitative Verunreinigung: Validierung eines Endotoxin-Tests

Die letzte hier dargestellte Methode, der Test auf Endotoxine, ist ein Beispiel für einen quantitativer Test auf **Verunreinigungen.** Bestimmte Arzneimittel werden unter Verwendung von Bakterien hergestellt, z. B. bestimmte therapeutische

Proteine oder DNA-Impfstoffe. Einige Bakterien bilden sog. Endotoxine, das sind kombinierte Biomoleküle, die z. B. Fieber bis hin zu einem anaphylaktischen Schock führen können. Bei der Herstellung erfolgen nach der Vermehrung des Produkts diverse Reinigungsschritte, um diese und andere bakterielle Bestandteile zu entfernen. In diesen Fällen (und anderen) muss bei der **Qualitätskontrolle** ein Test auf Endotoxine erfolgen. Hierzu gibt es ebenfalls eine **Arzneibuch-Monographie, Ph Eur 2.6.14**, diese ist aber weitaus weniger restriktiv als die zuvor beschriebene Sterilitätsprüfung. Die Endotoxin-Monographie erlaubt eine Vielzahl von verschiedenen methodischen Ansätzen und Messprinzipien, um Endotoxine nachzuweisen.

Sofern ein eigener Test etabliert oder ein normales Kit (Kits sind Zusammenstellung von Reagenzien, die für die Testdurchführung notwendig sind) verwendet wird, müssen alle **Validierungsparameter** gemäß Tab. 3.1, also Richtigkeit, Präzision, Spezifität, Linearität, Quantifizierungsgrenze und Arbeitsbereich untersucht werden. Die **Validierung** erfolgt dann sehr ähnlich zu der Beschreibung der Gehaltsbestimmung in Abschn. 5.2.

Es gibt aber auch ein hochstandardisiertes Testkit, Endosafe® genannt, dass es in zwei Varianten (für Einzelproben und bis zu 5 Proben) gibt und das im amerikanischen Raum für die Anwendung bei pharmazeutischen Produkten zertifiziert ist. D. h. die Art der Herstellung sowie die eigene **Qualitätskontrolle** des Testkit-Herstellers wurde von der zuständigen Behörde, der amerikanischen Food and Drug Administration (FDA), geprüft und zertifiziert. Bei diesem Test wird die Testprobe in 4 Vertiefungen einer Testkassette gefüllt, die in einem Analysengerät steckt. Die Flüssigkeit wird hereingesaugt. Am Ende von zwei Kanälen erfolgt eine Messung der Testprobe auf Endotoxin (Doppelbestimmung). In den anderen zwei Kanälen wird die Testprobe im Kanal mit einem Endotoxin-**Referenzstandard** vermischt. Alle Reaktionen werden am Ende im Detektor gemessen, wobei eine Farbe entsteht, sofern Endotoxin vorhanden ist. Auch hier ist das Messsignal proportional zur Endotoxin-Menge.

Das hohe Vertrauen in diesen Test resultiert aus der Tatsache, dass der Hersteller bestimmte **Validierungsparameter** für jede einzelne Kitcharge nachweist. Dies umfasst die Linearität, Richtigkeit, Präzision, Quantifizierungsgrenze und den Arbeitsbereich. Die Art und Anzahl der Tests weichen von den allgemeinen Angaben ab. Zum Beispiel wird die Linearität durch 3 Konzentrationen mit jeweils 10 Replikaten anstatt 5 Konzentrationen nachgewiesen. Daneben wird die Präzision durch Doppelbestimmung, anstatt 6-fach Bestimmungen, geprüft. Dies zeigt, dass die in Richtlinie ICH Q2 (R1) genannte Vorgehensweise nicht die einzige mögliche ist, um die Validität einer Methode nachzuweisen. Trotzdem empfiehlt der Hersteller, eine **produktspezifische Validierung** durchzuführen. Kein Wunder, da beim Abgleich der genannten Validierungsparameter mit den in Tab. 3.1 für quantitative Verunreinigungen genannten Parametern auffällt, dass die **Spezifität** fehlt. Diese wird im eigenen Labor durch Messung des Produkts erbracht, da in den Testkassetten direkt Referenzstandard enthalten ist, mit dem der Einfluss der eigenen Produktmatrix auf das Messergebnis geprüft werden kann.

Fehler, Probleme und Risiken bei ungenügender Methodenvalidierung

Die Durchführung und **Validierung** von analytischen, inklusive **bioanalytischen Methoden** ist eine Pflicht, wenn man sich unter den Arzneimittel-Herstellern tummeln möchte. Es ist nur ein kleiner von vielen Bausteinen, mit denen die Qualität von Arzneimitteln sichergestellt wird. Es ist aber ein wichtiger Baustein, der viel Ärger verursachen kann, sofern die Pflicht nicht erfüllt ist. Dies zeigt sich häufig während sog. GMP-Inspektionen, bei denen behördliche Vertreter das Pharmaunternehmen besichtigen und die Übereinstimmung mit den Vorgaben der Guten Herstellungspraxis überprüfen. Da diese Inspektionen nur wenige Tage dauern, können nicht alle Abläufe im Unternehmen beleuchtet werden. Aber auch hier ist es nur eine Frage der Zeit bis zum nächsten Wiedersehen und GMP-Inspektoren wissen durch Ihre Aufzeichnungen, was Sie beim letzten Mal überprüft haben und schauen sich beim nächsten Mal vielleicht neue Abläufe an.

Eine unzureichende oder fehlende **Methodenvalidierung** ist nicht selten Teil der Beanstandungen. Im amerikanischen Raum wird mit Mängeln sehr offen umgegangen. Die amerikanische GMP-Behörde, die Food and Drug Administration (FDA), veröffentlicht regelmäßig sog. „Warning Letters". Das sind öffentliche zugängliche Schreiben an den betreffenden Hersteller, in denen schwerwiegende Mängel beschrieben werden. Diese können im schlimmsten Fall, d. h. wenn der Hersteller nicht angemessen reagiert und u. a. die Mängel abstellt, zu einem Entzug der Zulassung führen. Die Mängel reichen dabei von Fällen, in denen die Methodenvalidierung unvollständig (also erst Mal vorhanden, aber verbesserungswürdig ist), über Fälle, bei denen keine Validierung vorhanden ist, bis hin zu Fällen, bei denen unliebsame Testergebnisse beliebig oft wiederholt werden oder erst gar keine analytische Prüfung durchgeführt wird.

Zum Beispiel wurde bei der Inspektion eines kanadischen Herstellers festgestellt, dass bei einem Produkt kein Test auf **Verunreinigungen** durchgeführt wurde. Verunreinigungen sind ein wichtiger Aspekt von Arzneimitteln. Je nach Arzneimittel können hier bestimmte Biomoleküle gemeint sein, die unabdingbarer Teil des Herstellungsprozesses sind und nicht vollständig abgetrennt werden können, aber einen gewissen Grenzwert nicht überschreiten dürfen. Es können aber auch lebende Organismen gemeint sein, wie Bakterien oder Pilze. Beim kanadischen Unternehmen war das Fehlen eines dieser Tests besonders kritisch. Das Produkt konnte theoretisch (durch die Herstellung bedingt) eine bestimmte karzinogen, als krebserregende Verunreinigung enthalten. Das Fehlen dieses Tests ist schwerwiegend, da hierdurch keine Bewertung erfolgen kann, ob Empfänger des Arzneimittels durch die Einnahme geschädigt werden können. Zum Beispiel wurde in diesem Fall von der FDA gefordert, dass Rückstellmuster aller im Umlauf befindlichen Chargen nachträglich auf dieser Verunreinigung geprüft werden müssen (ECA 2020).

Ein anderes Beispiel ist ein französisches Unternehmen, das als Auftragslabor GMP-relevante Analysen für die Produkte anderer Hersteller durchführt. Bei der Überprüfung durch die Inspektoren wurde festgestellt, dass einige eingesetzten **analytischen Methoden** nicht validiert waren. Zusätzlich wurden teilweise Testergebnisse, die nicht den Erwartungen entsprechen, invalidiert, d. h. ungültig gesetzt und ohne ausreichende Begründung wiederholt (ECA 2018a). Die unbegründete Wiederholung von Testergebnissen ist ein gefährliches Spiel. Bei einem Arzneimittel könnte z. B. festgelegt sein, dass der Gehalt zwischen 90 und 110 µg/ml (ein Mikrogramm ist ein tausendstes Gramm) liegen muss. Sofern die erste Analyse 113 µg/ml ergibt, entspricht dieses Resultat nicht den Anforderungen. Sofern dies bestätigt würde, müsste die Charge in die Tonne, also vernichtet werden. Wenn die Analyse ungültig gesetzt wird, da man ohne echten Grund von einem **Analysenfehler** ausgeht und bei der Wiederholung 114 µg/ml gemessen wird, würde die Charge erneut nicht den Qualitätsanforderungen entsprechen. Wenn dieses Ergebnis erneut ungültig gesetzt und wiederholt wird und dann ein Wert von 109 µg/ml vorliegt und die Charge auf Basis dieses Ergebnisses freigegeben wird, spricht man von Testing-into-compliance (Vogel 2020c). Dieser Begriff bedeutet ein unliebsames Ergebnis wird so oft wiederholt, bis das Ergebnis zufällig den **Qualitätsanforderungen** entspricht. Dabei stehen eher wirtschaftliche Interessen im Vordergrund, da die Vernichtung einer gefertigten Charge sehr kostspielig ist. Das Nachsehen hat im Grunde genommen die Patientensicherheit, deswegen gegen Inspektoren scharf gegen solche Vergehen vor.

Im Jahr 2013 kam es zu einem Rückruf einer Charge eines Insulin-Präparats in Spritzenform. Hintergrund des Rückrufs war, dass nach Freigabe in einigen Insulin-Fertigpens ein stark schwankender **Gehalt** von 50–150 % der Zieldosierung festgestellt wurde. Dies hätte bei Anwendung zu Unter- und

Überdosierungen führen können. Als Ursache wurde die falsche Bedienung eines Ventils während der Abfüllung genannt (Apotheke ADHOC 2013). Die Frage ist, warum dieser **Qualitätsmangel** nicht bei der **Qualitätskontrolle** aufgefallen ist, wenn eine validierte Methode zum Einsatz gekommen ist? Die Qualitätskontrolle ist niemals vollständig. Es wird eine bestimmte Menge der Charge auf bestimmte Eigenschaften, wie z. B. den Gehalt geprüft. Wichtig ist, dass die gezogenen Muster repräsentativ für die Charge sind, d. h. die Verwendung von Mustern, z. B. nur vom Anfang einer Abfüllung ist gefährlich, da auch während eines Abfüll-vorgangs Fehler passieren können, wie die Kontamination einer Abfüllnadel mit Bakterien. Dies würde dann potenziell nur Einheiten nach diesem Vorfall treffen. Deswegen sollte der Probenzug repräsentativ sein. Trotzdem kann bei der Quali-tätskontrolle etwas übersehen werden, wenn nur ganz wenig Muster der Charge betroffen sind.

Insgesamt zeigen neuere Analysen, dass eine ungenügende Analytik oder Schwächen bezüglich der **Methodenvalidierung** unter den Top 5 der Mängel waren, die FDA-Inspektoren im Zeitraum Oktober 2018–September 2019 in „Warning letters" aufgelistet haben (GMP Navigator 2019).

Probleme mit der **Validierung** von **bioanalytischen Methoden** können in einzelnen Fällen sogar mit ursächlich sein, kleinere Unternehmen in die Insolvenz zu treiben, wie bei einem deutschen Biotech-Unternehmen in 2008. Die Firma wollte ein Krebstherapeutikum auf den Markt bringen (ÄrzteZeitung 2008), scheiterte jedoch bei der Validierung eines Tumortests, da ein von der Auf-sichtsbehörde geforderter Parameter nicht nachgewiesen werden konnte. Darauf-hin stellte das Unternehmen wegen Zahlungsunfähigkeit einen Insolvenzantrag (DGAP 2008).

Zusammenfassung 7

Die **Validierung bioanalytischer Methoden** ist ein wichtiges Element im pharmazeutischen Betrieb, dass der Überprüfung der **Produktqualität** und damit der **Patientensicherheit** dient. Die Methodenvalidierung stellt sicher, dass Bewertungen und Entscheidungen auf Basis von zuverlässigen Ergebnissen getroffen werden. Analytische Methoden können grundsätzlich Produkte nicht besser machen, aber zuverlässige Ergebnisse helfen die Spreu vom Weizen zu trennen, d. h. in der großen Flut der ganzen qualitativ guten Chargen diejenigen zu erkennen, die echte **Qualitätsmängel** aufweisen.

Eine **Validierung** bedeutet jedoch nicht, dass Analysenergebnisse „über jeden Zweifel erhaben" sind. Unerkannte Fehler können sich jederzeit einschleichen, gerade bei den z. T. sehr komplexen bioanalytischen Methoden. Deswegen muss man bei unerwarteten Ergebnissen von bioanalytischen Methoden der Fehlerursache genau auf den Grund gehen und verstehen, ob es sich wirklich um eine Produktdefizit (richtiges Ergebnis) oder um einen Laborfehler handelte. Dabei dürfen wirtschaftliche Gründe nicht im Vordergrund stehen, sondern die wissenschaftliche Frage, was dieses Resultat verursacht hat. Daneben können sich sehr viele Dinge im Lebenszyklus einer bioanalytischen verändern. Dazu gehören z. T. hochkomplexe Substanzen, die für die Durchführung benötigt werden. Leichte Änderungen der Zusammensetzung, der Reinheit oder anderer Faktoren können einen erheblichen Einfluss auf die Ergebnisse haben. Aus diesem Grund muss die Methodenvalidierung in ein enges Korsett aus anderen **Qualitätssystemen** eingebettet sein, u. a. der Sicherstellung der einwandfreien Funktion von Laborgeräten, der Änderungskontrolle (niemand darf einfach so Substanzen oder die Arbeitsanweisung ändern), der Prüfung der Qualität von eingesetzten Materialien, aber auch die Kompetenz der Mitarbeiter, die durch regelmäßige Schulung sichergestellt wird. Darüber hinaus ist eine kontinuierliche oder intervallartige

Überprüfung der **Methodenleistung** wichtig, u. a. in Form von regelmäßigen Revalidierungen. Somit wird immer wieder der Beweis erbracht, dass die Qualitätssysteme gut funktionieren und die **bioanalytischen Methoden** valide, also vertrauenswürdig sind.

Das Feld der **Methodenvalidierung** stellt letztlich auch ein Berufsfeld dar. Bei kleineren Betrieben gibt es sicher Allrounder, die sich vielen verschiedenen Aufgaben widmen müssen und bei denen die Methodenvalidierung nur eine von mehreren Aufgaben ist. Es gibt aber je nach Größe des pharmazeutischen Betriebs auch Personen, Validierungsspezialisten genannt, die sich ausschließlich um die Validierung von Methoden kümmern und den lieben langen Tag nichts anderes machen. Dabei ist die **Validierung** von **bioanalytischen Methoden** keinesfalls ein langweiliger Bereich. Bei der Vielzahl von unterschiedlichen Methoden stellt sich immer wieder die Frage, wie man den Nachweis der Zuverlässigkeit erbringen kann. Nicht alle Methoden lassen sich nach dem gleichen Muster validieren. Deswegen muss immer wieder ein wenig „Gehirnschmalz" in die Planung gesteckt werden. Dieser Bereich muss auch mit weiteren biomedizinischen Fortschritten Schritt halten. Zum Beispiel sind die ATMPs (advanced therapeutic medicinal products) ein stark wachsender Arzneimittelzweig, dem der GMP-Leitfaden einen einzelnen Abschnitt gewidmet hat (EudraLex 2017). Je komplexer das Produkt, desto schwieriger wird teilweise die notwendige Bioanalytik. Aber auch hier gibt es Tricks, um eine Validierung vernünftig anzugehen (Viganò et al. 2018).

Was der Leser aus diesem *essential* mitnehmen kann

- Zur Analyse der Eigenschaften von biologischen Arzneimitteln sind häufig bioanalytische Methoden notwendig, mit denen sich Biomoleküle, aber auch Zellen und Viren untersuchen lassen
- Die Validierung unter GMP-Bedingungen unterscheidet sich deutlich von Validierungen im akademischen Bereich und setzt ein stark reguliertes Umfeld voraus
- Bei der Validierung von bioanalytischen Methoden wird anhand einer Reihe von experimentellen Versuchen gezeigt, dass die Ergebnisse zuverlässig sind
- Eine erfolgreiche Validierung ist eine Grundvoraussetzung für den Einsatz der Methode zur Prüfung von Arzneimitteln
- Mängel bezüglich des Validierungsstatus sind nicht selten, müssen aber beseitigt werden, sofern der Mangel bei regelmäßig stattfindenden GMP-Inspektionen erkannt wird

© Der/die Herausgeber bzw. der/die Autor(en), exklusiv lizenziert durch
Springer Fachmedien Wiesbaden GmbH, ein Teil von Springer Nature 2020
P.U.B. Vogel, *Validierung bioanalytischer Methoden,* essentials,
https://doi.org/10.1007/978-3-658-31952-6

Literatur

Apotheke ADHOC (2013) Novo Nordisk: Fehler beim Abfüllen. https://m.apotheke-adhoc.de/nc/nachrichten/detail/pharmazie/insulin-rueckruf-novo-nordisk-fehler-beim-abfuellen/. Zugegriffen: 30.08.2020.

ÄrzteZeitung (2008) Biotech-Firma LipoNova stellt Insolvenzantrag. https://www.aerztezeitung.de/Wirtschaft/Biotech-Firma-LipoNova-stellt-Insolvenzantrag-356298.html. Zugegriffen: 30.08.2020.

DGAP (2008) LipoNova AG: Vorläufiger Insolvenzverwalter bestellt. Keine Einigung mit Aufsichtsbehörde über Tumorassay für Reniale. https://www.dgap.de/dgap/News/corporate/liponova-vorlaeufiger-insolvenzverwalter-bestellt-keine-einigung-mit-aufsichtsbehoerde-ueber-tumorassay-fuer-reniale/?newsID=271040. Zugegriffen: 29.08.2020.

Blasius H (2014) Arzneimittelherstellung Mehr als Produktion und Qualitätskontrolle. DAZ.online https://www.deutsche-apotheker-zeitung.de/daz-az/2014/daz-30-2014/arzneimittelherstellung. Zugegriffen: 10.08.2020.

ECA (2020) FDA warning letter for Canadian drugmaker – HPLC and data integrity in the focus. https://www.gmp-compliance.org/gmp-news/fda-warning-letter-for-canadian-drugmaker-hplc-and-data-integrity-in-the-focus. Zugegriffen: 18.08.2020.

Elroy J (2018) An introduction to analytical instrument qualification & validation – Meeting FDA expectations. https://www.pharmaceuticalonline.com/doc/an-introduction-to-analytical-instrument-qualification-validation-meeting-fda-expectations-0001. Zugegriffen: 10.08.2020.

EudraLex (2011) Volume 4 – Good Manufacturing Practice (GMP) guidelines Part I, chapter 4: Documentation. https://ec.europa.eu/health/sites/health/files/files/eudralex/vol-4/2014-11_vol4_chapter_6.pdf. Zugegriffen: 12.08.2020.

EudraLex (2014) Volume 4 – Good Manufacturing Practice (GMP) guidelines Part I, chapter 6: Quality control. https://ec.europa.eu/health/sites/health/files/files/eudralex/vol-4/2014-11_vol4_chapter_6.pdf. Zugegriffen: 15.08.2020.

EudraLex (2017) Volume 4 – Good Manufacturing Practice (GMP) guidelines Part IV. https://ec.europa.eu/health/sites/health/files/files/eudralex/vol-4/2017_11_22_guidelines_gmp_for_atmps.pdf. Zugegriffen: 25.08.2020.

FDA (2015) Analytical procedures and methods validation for drugs and biologics guidance for industry. https://www.fda.gov/files/drugs/published/Analytical-Procedures-and-Methods-Validation-for-Drugs-and-Biologics.pdf. Zugegriffen: 18.08.2020.

FDA (2018) Bioanalytical Method Validation Guidance for industry. https://www.fda.gov/files/drugs/published/Bioanalytical-Method-Validation-Guidance-for-Industry.pdf. Zugegriffen: 29.08.2020.

GMP Navigator (2019) Chargenfreigabe ohne Gehaltsbestimmung und andere GMP-Verstöße – ein Blick auf die FDA warning letters der letzten Monate. https://www.gmp-navigator.com/gmp-news/chargenfreigabe-ohne-gehaltsbestimmung-und-andere-gmp-verstoesse-ein-blick-auf-die-fda-warning-letters-der-letzten-monate. Zugegriffen: 18.08.2020.

Hack R, Rüggeberg S, Schneider L (2016) The replacement of the rabbit blood sugar bioidentity assay by an in vitro test for batch release of insulin glargine drug substance. https://ec.europa.eu/environment/chemicals/lab_animals/3r/pdf/rudiger_hack.pdf. Zugegriffen: 17.08.2020.

Hamza AA (2018) Biological assay of insulin: an old problem re-discovered. Journal of Advanced Technologies in Endocrinology Research. https://chembiopublishers.com/JATER/JATER180002.pdf. Zugegriffen: 25.08.2020.

ICH (2005) Validation of analytical procedures: text and methodology. Q2(R1). https://database.ich.org/sites/default/files/Q2%28R1%29%20Guideline.pdf. Zugegriffen: 05.08.22020.

Lock M, McGorray S, Auricchio A et al. (2010) Characterization of a reocombinant adeno-associated virus type 2 reference standard material. Hum Gene Ther 21:1273–1285; https://doi.org/10.1089/hum.2009.223.

McFarland EJ, Karron RA, Muresan P et al. (2018) Live-attenuated respiratory syncytial virus vaccine candidate with deletion of RNA synthesis regulatory protein M2-2 is highly immunogenic in children. J Infect Dis 217:1347–1355, https://doi.org/10.1093/infdis/jiy040.

Milstien JB, Gibson JJ (1990) Quality control of BCG vaccine by WHO: a review of factors that may influence vaccine effectiveness and safety. Bull World Health Organ 68:93–108.

Moses A, Bierrum J, Hach M et al. (2019) Concentrations of intact insulin concurs with FDA and EMA standards when measured by HPLC in different parts of the distribution cold chain. J Diabetes Sci Technol 13:55–59; https://doi.org/10.1177/1932296818783783.

Lambert F, Jacomy H, Marceau G, Talbot PJ (2008) Titration of human coronaviruses, HCoV-229E and HCoV-OC43, by an indirect immunoperioxidase assay. Methods Mol Biol 454:93–102; https://doi.org/10.1007/978-1-59745-181-9_8.

Lottspeich F, Engels JW (2012) Bioanalytik. Wiesbaden: Springer VS.

Patel KT, Chotai NP (2011) Documentation and records: Harmonized GMP requirements. J Young Pharm 3:138–150; https://doi.org/10.4103/0975-1483.80303.

Poveda C, Biter AB, Bottazzi ME et al. (2019) Establishing preferred product characterization for the evaluation of RNA vaccine antigens. Vaccines (Basel) 7:131; https://doi.org/10.3390/vaccines7040131.

Sedighi M, Zahedi Bialvaei A, Hamblin MR et al. (2019) Therapeutic bacteria to combat cancer; current advances, challenges, and opportunities. Cancer Med 8:3167–3181; https://doi.org/10.1002/cam4.2148.